합리적인 실험설계를 통한
연구과정에서 실험동물 사용의 절감

동물실험의 설계

대표역자 황대연
공역자 강병철, 김길수, 이상구, 조영석

Reducing the use of animals
in research through better experimental design

The Design of Animal Experiments

English language edition published by SAGE Publications of London, Thousand Oaks, New Delhi and Singapore, ⓒ Royal Society of Medicine.

By Michael F.W. Festing, Philip Overend, Rose Gaines Das, Mario Cortina Borja, Manuel Berdoy

합리적인 실험설계를 통한
연구과정에서 실험동물 사용의 절감

동물실험의 설계

인 쇄 | 2013년 11월 20일
발 행 | 2013년 11월 29일

원저자 | Michael F.W. Festing, Philip Overend, Rose Gaines Das
Mario Cortina Borja, Manuel Berdoy
역 자 | 황대연, 강병철, 김길수, 이상구, 조영석
발행인 | 박선진
발행처 | 도서출판 월드사이언스

주 소 | 서울특별시 서초구 방배4동 864-31 월드빌딩 1층
등록일자 | 1988년 2월 12일
등록번호 | 제16-1601호
대표전화 | (02) 581-5811~3
팩스 | (02) 521-6418

E-mail | worldscience@hanmail.net
URL | http://www.worldscience.co.kr

정가 | 15,000원
ISBN | 978-89-5881-224-1

이 도서의 국립중앙도서관 출판시도서목록(CIP)은 서지정보유통지원시스템 홈페이지(http://seoji.nl.go.kr)와 국가자료공동목록시스템(http://www.nl.go.kr/kolisnet)에서 이용하실 수 있습니다.
(CIP제어번호: CIP2013019695)

목차

서언

연구목적으로 동물을 사용하는 사람들이 적절한 교육을 받아야만 한다는 것은 일반적으로 잘 알려진 사실이다. 이러한 프로그램의 핵심은 Russell과 Burch의 3R(Replacement, Reduction, 그리고 Refinement(Russell & Burch, 1959)의 적용이다. 이들 중에서, 동물실험에 사용되는 동물 수 감소의 측면에 대한 최소한의 주안점을 두면서 최소의 성공을 얻어왔다.

사용되는 동물수를 감소시킬 수 있는 중요한 방법은 실험설계와 통계적 분석의 정확한 적용이지만, 이것들은 생의학연구에서 대학생과 대학원생에게 충분히 교육되거나 이해되지 못하고 있다. 이것의 부족은 동물사용에 대한 면허응시를 준비하는 사람의 훈련과정을 관리하는 영국 내무부(UK Home Office); 이러한 과정을 위한 2개의 인증체계 중 하나인 생물연구소(Institute of Biology, IOB); 그리고 문제해결을 권고하기 위해 감축위원회(Reducing committee)를 운영하는 FRAME(Fund for the Replacement of Animals in Medical Experiments)의 주요 관심사이다. 따라서 이러한 불균형의 문제를 시정하기 위해서, IOB는 연구를 설계하는 과정에서 연구자들에 의해 파생되는 장점에 대한 이해를 분명하고 축약되고 간결한 방법으로 제공하기 위해 이 저서의 제작을 결정하였다. 많은 경우에서, 이 책은 필요로 하는 동물의 수를 줄여줄 것이며, 동시에 신뢰성 있는 결과를 제공할 수 있는 동물의 최적수량을 제공할 것이다.

이 책은 통계적 분석과 실험설계에 대한 자세한 내용을 소개하고 있는 많은 교재를 모방하지 않으려고 노력했다. 더불어, 이 책의 목적은 실험연구 프로토콜을 개발할 때 고려해야 하는 실험설계와 통계의 어떤 형태가 이해에 도움이 되는지를 제공하는 것이다. 통계자료들과 교재에 대한 참고문헌들은 수행될 수 있는 가능한 것들을 보여주게 될 것이다. 의심할 여지없이, 연구설계 과정에서 최선의 방안은 흥미로운 분야에서 통계학자의 지식을 찾고 적용하는 것이다. 사람들은 이 책에서 논의된 많은 세부적인 내용을 알기를 원할 것이다. 비록 아직까지는 최적의 이익이 연구로부터 유래된다고 보장할 수는 없지만, 이 책이 과학적 연구의 모든 분야에서 유익하기를 바라며, 동물 수를 감소시키는 것과 같은 연구의 증진을 돕는 목적으로 사용되기를 바란다.

이 책의 수정과 업데이트 그리고 부가적으로 흥미로운 웹사이트들은 Laboratory Animals Ltd Web site(*www.lal.org.uk/hbook14.htm*)에 게시될 것이다.

편집위원장

Bryan Waynforth

역자소개

황대연 교수 (부산대학교 바이오소재과학과)

강병철 교수 (서울대학교병원 의생명연구원)

김길수 교수 (경북대학교 수의과대학)

이상구 박사 (바이오톡스텍)

조영석 교수 (부산대학교 통계학과)

역자서언

21세기 인류의 복지와 건강에 대한 관심이 급속히 증가하면서 생명과학과 보건의료는 이제 선진국으로 발전하기 위한 고부가가치분야로 인식되고 있다. 실험동물분야는 이러한 생명과학과 보건의료를 뒷받침하는 인프라로서 우리나라에서도 2008년부터 동물실험에 대한 제도가 강화되고 있어 시설, 장비, 교육 등의 분야가 급속히 발전하고 있다. 그러나 아직도 동물실험에 대한 정보의 부족과 체계적인 교육시스템이 확립되어 있지 않아 전체 수준이 선진국에 비하여 열악하다.

이에 저자들은 국내 동물실험을 수행하는 많은 연구자들이 쉽게 이해하고 활용할 수 있는 동물실험의 바람직한 설계에 대한 저서가 없음을 인식하고, 영국에서 발간된 Laboratory Animal Handbooks No. 14, The Design of Animal Experiments를 번역하여 출간하기로 하였다. 이 저서는 Laboratory Animal Handbooks 시리즈 중에서 두 번째 역서로 출판하는 저서로서, 동물실험설계의 기본원리, 동물의 선택, 변이의 통제와 이해, 실험설계, 표본크기의 결정, 결과의 제시와 해석 그리고 결정, 결론 등 동물실험설계에 필요한 다양한 정보를 취급하고 있다. 또한, 마지막 부분에서는 역자들이 동물실험설계에 필요한 통계학적 기초정보와 동물실험계획 승인신청서 작성에 대한 정보를 직접 저술하여 독자들의 이해를 돕고자 하였다. 따라서, 통계학적 기초가 부족한 독자들 혹은 동물실험설계를 처음으로 수행하는 연구자들은 반드시 "8장 통계학의 이해를 위한 기초"를 먼저 학습하고 다른 부분을 읽기를 권고한다. 원 저서가 영국의 상황에 주안점을 두고 기술되어 있지만, 기본적인 원칙 등은 우리나라를 포함한 모든 대부분의 나라에서 적용할 수 있는 내용을 포함하고 있어 국내에서 동물실험의 설계에 활용가치가 높을 것으로 사료된다. 또한, 원문에 충실하여 번역하려고 노력하였음에도 불구하고, 일부 어색한 표현이나 문구가 있을 수 있으니 이 점 널리 양해해주시기 바란다.

본 저서를 발간하기까지 약 2년이라는 시간이 경과하였다. 저서의 번역은 일찍 마쳤으나 영국의 The Royal Society of Medicine Press로부터 출판허가를 받는 과정이 매우 복잡하였다. 적어도 30여 통의 이메일을 1년 동안 주고받으면서 약 6-7개 출판사를 헤맨 끝에 겨우 역서를 출판하게 되었다. 역서 발행에 도움을 준 Jeremy Theobald (Managing Director, The Royal Society of Medicine Press)와 Katherine Ryan(Rights and Licensing Manager, SAGE Publications Ltd.)에게 진심으로 감사드리며, 어렵게 출판한 만큼 실험동물분야에서 종사하시는 많은 분들에게 소중하게 사용되기를 바란다.

끝으로, 여러 가지로 업무에 바쁘신 와중에도 본 저서의 번역을 위해 성심성의껏 참여해주신 선생님들께 진심으로 감사드리며, 출판을 위해 노력해주신 도서출판 월드사이언스 관계자 여러분들께도 진심으로 감사드린다.

2013년 10월

대표역자 황대연

1

동물실험설계의 기본원리

Basic principles of the design of animal experiments

의학과 생물학적 연구의 수행은 실험동물의 사용에 크게 의존한다. 그러나 윤리적이고 경제적인 이유 때문에, 실험동물은 수량을 가능한 최소한으로 사용하여 가치 있는 결과를 얻을 수 있는 잘 설계된 실험에 사용하는 것이 매우 중요하다. 과학적 목적에 도달하기 위해서 동물을 두 배로 사용하는 실험이나 잘못된 설계로 좋지 않은 결과를 도출하는 실험에서, 동물에게 고통 혹은 괴로움이 발생한다면, 이것은 비윤리적인 일이다. 이 저서는 실험동물(일차적으로 척추동물)을 사용하는 모든 연구자들을 위한 자료이며, 윤리적 검토과정에 참여하는 모든 사람들에게도 유용할 것이다. 이 저서는 실험설계 혹은 통계분석의 교재는 아니지만, 실험동물의 윤리적 사용에 대한 특별한 참고문헌을 비롯하여 비수학적인 방법에 대한 광범위한 설계의 원리를 포함하고 있다. 통계교재에 일반적으로 포함되지 않는 동물선택과 변이(variation) 통제를 포함하는 '실험설계(experimental design)'는 이 책의 많은 부분에서 언급될 것이다. 이 저서는 실험설계와 통계지식을 이미 갖고 있는 사람들에게는 얻어진 지식으로 군당 더 적은 수의 동물을 사용하도록 하는 것보다는 효율적인 실험을 설계할 수 있도록 도와줄 것이다. 또한, 다른 사람들에게는 통계학자 혹은 생체통계학자의 자문을 받기 위해 필요한 기본지식을 제공할 것이다.

실제로, 우려할 만한 일부 요인들도 존재한다. 실험설계는 두 가지 일을 한꺼번에 하려다 둘 다 그르칠 수 있는 주제이기도 하다. 통계학자들은 이론적으로 통계에 관한 모든 것을 알고 있지만, 그들은 거의 실험을 하지 않으며, 그들이 직접 경험하지 않은 문제를 가르치고, 고무시키는 것은 쉽지 않을 것이다. 한편, 과학자들은 항상 실험을 하지만, 통계학적 원리에 기초한 실험설계를 많이 생각하지 않는다. 그들은 문헌 혹은 지도교수에 의해 배웠던 실험의 형태를 단순히 반복하게 된다. 만약, 특이한 실험설계를 포함하는 논문을 투고할 때(투여집단당 6마리보다 적은 동물을 사용), 논문들이 실험설계에 대한 훈련이 부족한 심사자에 의해 거절된다면 그들은 고민하게 될 것이다. 따라서 이러한 악순환은 연구의 진행을 방해하고, 동물 폐기물만을 유발하게 될 것이다.

여러 발간된 논문의 조사결과들은 이러한 문제가 충분히 개선될 수 있음을 보여주고 있다. 2개의 독성학 논문에 게재된 실험 조사결과는 실험의 1/3 정도는 표본 집단의 크기를 결정하기 위한 '재료방정식(resources equation)' 방법을 사용함으로서 동물을 두 배로 많이 사용하였음이 관찰되었다(Festing 1996). 평균적으로, 실험들은 50-100% 많은 동물을 사용한다. 실험의 정확성을 증진하기 위한 블록화(blocking) 기술들은 농업연구에서 일반적이지만, 48개의 실험들 중에서 오직 한 번만 이러한 기술들이 사용되었으며, 저자들은 정확한 통계분석을 수행하지 않았다. 단일 실험에서 연구되는 부검시간, 물질농도와 같이 하나 이상의 변인을 갖는 실험에서 변이설계(Factorial designs)가 일반적으로 적용되지만, 저자들이 정확한 통계분석을 사용하는 것은 매우 드문 일이다. 전체적으로, 부적절한 통계방법(Inappropriate statistical methods)은 60% 이상의 논문에서 사용되고 있다. 비록 대부분은 부정확한 실험설계보다는 부정확한 통계분석에 집중되어 있고 동물실험보다는 임상실험이 포함되어 있지만, 다른 조사도 유사한 결과를 제공하고 있다(Altman 1991, McCance 1995, Porter 1999).

법률적 요구와 3Rs
Legal requirement and the 3Rs

유럽연합에서는 척추동물(그리고 *Octopus vulgaris*와 같은 일부 다른 종)이 포함된 연구과제를 설계하는 과학자들은 그 과제가 대체법을 이용해서 수행될 수 있는지를 고려해야 함을 법률적으로 요구한다. 비록 이러한 법률적 요구사항이 다른 나라에는 존재하지 않지만, 대체법의 고려는 윤리적이고 경제적 요구이기도 하다. 이것에 적용 가능한 유용한 연구는 Russell과 Burch의 '3Rs–대체(*Replacement*), 감축(*Reduction*), 그리고 정교(*Refinement*)' 방법이다(Russell & Burch 1959).

첫 번째 단계는 '대체'를 적용 가능한가를 고려하는 것이다. 연구의 전체 혹은 일부를 *Drosophila* 혹은 *C. elegans*와 같은 하등동물 혹은 세포배양 혹은 수학적 모델링을 사용할 수 있는가? 만약 그렇지 않다면, 이러한 방법들은 척추동물의 사용을 우선적으로 선택할 수 있다.

만약 '대체' 방법의 사용이 불가능하다면, 다음 단계는 '정교'를 고려하는 것이다. 이것의 목적은 동물들에게 고통, 괴로움 혹은 지속적인 해를 최소화하는 것이다. 동물들이 현재 실험에 사용되거나 혹은 사용되지 않거나, 모든 동물은 좋은 사료와 충분한 공간이 제공되도록 편안한 사육을 필요로 한다. 영국의 내무부와 미국의 국가연구자문위원회(National Research Council, NRC)의 실험동물연구소(Institute of Laboratory Animal Research)는 이와 관련된 가이드라인 혹은 시행규칙을 제공하고 있다(NRC 1996, Home Office 1995). 동물들은 외과수의사와 함께 훈련된 직원에 의해 관리되어야 한다. 동물들은 임상적·잠재적 질병에 걸리지 않아야 한다. 동물들은 주기적·우호적으로 취급되어야 하며, 그래서 그들이 실험에 들어갈 때 두려움을 느끼지 않도록 해야 한다. 실험에 사용될 때, 모든 관리는 고통과 괴로움을 최소화하도록 해야 한다. 물질이 동물에게 투여되는 장소에서, 고통을 최소화하는 절차가 사용되어야 한다(Morton *et al.* 2000). 수술은 적절한 마취와 통각상실 그리고 사후관리를 동반해야만 한다. 일부 실험은 동물의 죽음 혹은 상당한 고통을 유발할 것으로 예상된다. 이러한 경우에 인도적 종료시점(human endpoint)이 사용될 수 있다(Stokes 2000; *ILAR Journal*의 동일한 문제에 대한 다른 논문을 참고하라). 종양이 발생한 동물들은 종양이 너무 커지기 전에 고통 없이 사망에 이르도록 해야 한다. 종종, 동물의 외형과 행동을 통해 죽어가는 동물을 예상할 수 있다. 이러한 동물들은 고통으로 죽게 놔두기보다는 고통 없이 사망에 이르게 해야만 한다. 결론적으로 실험이 종료되었을 때, 동물들은 영국 내무부(Home Office 1995,

2000) 혹은 실험동물연구소(NRC 1996)에서 권장하는 인도적 방법 등 고통없는 방법으로 사망에 이르게 해야만 한다.

이 책의 주요 주제인 '감축'은 원하는 과학적 목적을 달성하기 위해 행해지는 각 실험에서 사용되는 동물을 최소화하는 것이다. 간단히, 이것은 연구의 목적을 분명히 이해하는 것, 실험설계에서 변이를 통제하고 이해하는 것, 적절한 통계분석을 통해 실험결과로부터 유용한 정보를 도출하는 것, 그리고 결과를 신중하게 해석하는 것을 포함한다. 이것은 우수한 과학적 절차와 매우 밀접하게 연관되어 있다.

우수한 실험설계에 포함되는 단계들의 개요

Overview of the steps involved in designing a good experiment

실험설계와 통계에 대한 많은 훈련을 받지 않은 과학자들은 통계에 대한 배경지식이 많은 동료 혹은 통계학자와 초기단계에서 그들이 제안한 실험을 논의해야 한다. 설계과정의 기본단계는 다음과 같다.

연구의 다른 목적 혹은 가설의 설정

Formulation of an hypothesis or other objective of the study

실험의 목적은 분명하게 정의하고 명확히 언급해야 한다. 많은 실험들은 상대적으로 간단한 가설 그리고/혹은 투여방법, 투여방법 간의 차이 혹은 관찰된 반응과 화학물의 농도와 같은 두 가지 변수 사이에 상관관계를 평가하기 위해 형식적으로 설정된다. 한편, 탐구실험들은 새로운 가설을 확립하기 위해 많은 양의 자료들을 수집하는 목적을 갖기도 한다. 이러한 것들이 시행된다고 하더라도, 규격화된 과학적 시험들은 연구의 주요 목적은 아니다. 시험 목적이 무엇이건 간에, 통계적 분석과 설계는 기본적으로 동일한 과정이다. 과학자들은 그가 어떻게 결과를 분석할 것인지 아이디어를 가지고 있지 않다면 실험을 설계해서는 안 된다.

동물 혹은 *in vitro* 방법이 사람의 모델로서 사용되는 경우에, 이들은 인간에 관한 어떤 것을 우리에게 말해줄 수 있기 때문에 선택될 수 있다. 이러한 경우에, 가설은 "선택된 모델이 어떠한 처리에 대해 반응하는가?" 이다. 인간반응이 직접적이든 혹은 그렇지 않든 간에 인간을 사용하는 것은 불가능하다.

독립적인 반복실험을 위한 요구와 실험단위의 선택

Choice of the 'experimental unit' and the need for independent replication

실험단위(experimental unit)는 처리를 위해 무작위로 분류된 반복단위이다. 원칙적으로, 다른 실험단위는 다른 투여를 받을 수 있다. 종종, 이러한 단위는 개별 동물이 될 수도 있다. 그러나 만약 실험에 다른 사료의 비교가 포함된다면, 동일한 케이지 내에 동물들은 동일한 사료가 제공되어야 한다. 따라서 실험단위는 동물의 케이지이며, 통계분석에 사용되는 측정단위는 흥미 있는 특성의 케이지가 될 것이다. 만약 림프구가 동물로부터 채취되고, 다른 방법으로 처리된 몇 개의 세포배양 접시에 놓인다면, 실험단위는 세포의 개별 배양접시가 될 것이다. 교차실험에서(4장 참조), 동물들은 일정한 시간 동안 처리를 위해 분류될 것이고, 회복시킨 후 다른 처리를 위해 분류한다. 이러한 경우, 실험단위는 일정 기간의 동물이다. 만약 동물의 털을 깎고 하나의 물질에 대한 몇 가지 다른 적용이 피부에 패치로 실시되었다면, 실험단위는 피부의 부위이다.

분할법(split-plot) 실험에서, 실험단위의 두 가지 다른 형태가 있을 수 있다. 사료에 대한 실험에서는 실험사료와 대조사료를 급여하는 여러 케이지를 포함한다. 각 케이지 내에, 두 마리의 랫드가 있을 수 있다. 이들은 비타민 혹은 생리식염수를 주입할 수도 있다. 그래서 사료를 비교하기 위해서는 케이지가 실험단위이고, 비타민 주입효과를 비교하기 위해서 그리고 사료와 비타민 처리의 상관관계를 비교하기 위해서는 개별 랫드가 실험단위이다.

실험단위를 정확하게 확인하지 못하는 것은 동물실험설계에서 가장 일반적으로 범하는 실수 중 하나이다. 이러한 영향은 사실상 의미가 없고, 비현실적인 통계학적 분석으로부터 *P*-값을 제공하게 된다. 잘 알려진 예시는 '비록 암컷이 물질처리를 위해 분류되었더라도 기형발생실험에서 임신한 모체가 아니라 새끼가 실험단위이다.'라는 것이다. 유사하게, 서로 다른 엔리치먼트(enrichment)를 처리하기 위해 분류된 마우스 케이지를 이용한 복지환경 연구에서, 통계적인 분석은 각 케이지 내에 개별 동물들에 대한 가치보다 케이지 안에 모든 마우스에 의미 있는 가치가 있다.

변동성의 통제
Controlling variability

변이(Variator)의 통제는 중요하다. 이러한 내용은 3장에서 다루고 있다. 일반적으로, 동물(혹은 다른 실험단위)을 좀 더 균질하게 하려면, 그들 중에서 일부만 실험에 사용한다. 균질성은 유전적 통일성이 있는 동일유전자형 동물(isogenic animals)에 의해 그리고 동물이 임상적으로 그리고 잠재적으로 변이를 증가시킬 수 있는 질병에 걸리지 않음을 확인함으로써 도달할 수 있다. 최적의 환경조건에서 사육된 동물들은 나쁜 조건에서 사육된 동물보다 좀 더 균질하다. 단독으로 사육된 마우스는 집단으로 사육된 동물보다 변이가 크다(Chvedoff *et al.* 1980). 실험을 시작할 때, 가능하면 동물들은 무게와 연령이 균질해야 한다. 이것이 불가능한 곳에서, 그들은 무게에 의해 층상을 이루거나 난괴법(randomized block experimental design) 혹은 공분산분석(covariance analysis)이 균질한 무게를 수정하기 위해 사용될 수 있다(4장 참조). 난괴법은 활용 가능한 실험재료의 어떤 자연구조를 설명하는데 사용될 수 있다. 예를 들어, 유전자변형동물을 이용한 실험들은 실험을 시작할 때 충분히 많은 동물의 이용이 어려움으로 복잡해진다. 그러나, 제공된 충분한 동물들은 각 처리군(treatment groups)을 위해 한 마리 동물을 갖도록 이용될 수 있으며, 실험은 난괴법으로 일정 기간 이상 동안 진행될 수 있다. 각 배치군은 각 처리군에서 하나의 관찰을 수행하는 최소-실험(mini-experiment)이다.

처리는 모든 동물들에게 동일하게 적용되어야 한다. 만약 측정 에러가 중요하다면, 다중측정(multiple determination)의 사용을 고려해야 한다. 어떤 남아있는 변동성은 적절한 임의배정을 사용하여 집단들 간에 분포시켜야만 한다(3장 참고). 다른 집단보다 좀 더 우호적인 환경(측정할 때 환경을 포함한 최대로 광범위한 감각에서)을 갖는 한 집단 때문에 발생하는 편향(bias)을 피하기 위해 강력한 예방 조치가 필요하다. 가능하다면, 동물들과 시료들은 코드를 부여하고 그래서 직원들이 처리집단에 대해 알지 못하게 해야 한다.

처리방법의 선택(독립변수)
Choice of treatments(independent variables)

다음 단계는 적절한 처리(독립변수)들이 사용되었음을 보증하는 것이다. 일반적으로, 미처리군, 가짜처리군 혹은 플라세보 처리군을 포함한 하나 혹은 많은 대조군이 실험에 포함된다. 대조군들은 처리군의 하나로 고려된다. 만약 실험들이 시간을 초과하여 반복된다면, 비록 이러한 상황에서 임의배치법이 적용되더라도, 대조군은 시간의 경향(trends) 혹은 파동(fluctuation)을 측정하기 위해 각 시간에 대한 정보가 포함되어야 한다. 그러나 계절적인 영향, 사료의 편차, 미생물, 측정의 방법, 개체차이 등과 같이 동물에 영향을 줄 수 있는 많은 조절 불가능한 요인들이 있고, 그들이 비교되는 군에서 동일하다고 보증하기 어렵기 때문에, 이전실험에 대한 경험대조군(historical control)은 일반적으로 가치가 떨어진다. 그러나 경험대조군은 만약 유사한 실험이 반복적으로 시행된다면, 그래서 이러한 많은 실험이 연구될 수 있다면 매우 유용하다. 이러한 상황에서, 산업형 관리차트(industrial type control chart) 혹은 성공적인 실험에서 개별(individual) 혹은 평균 결과들을 구성하는 슈하트차트(shewhart chart)가 도움이 될 것이다(Dixon & Massey 1983).

농도반응 상관관계(dose-response relationship)를 연구하는 경우에, 만약 농도집단들이 일정 범위에 동일한 간격으로 놓여있다면, 때때로 다음 분석에 도움이 될 것이다. 선형(linear) 그리고 비선형(nonlinear) 경향은 변이분석과정에서 계산될 수 있다(Altman 1991, Snedecor &

Cochran 1980).

처리조합의 총 수는 약간의 사고를 필요로 한다. Mead(1988)은 대부분의 실험이 10-50 처리군 범위를 갖게 됨을 제시하였다. 총 12개의 처리 조합이 3개의 다른 시간 동안에 4개의 다른 농도군을 갖는 실험의 경우, 일반적이긴 하지만, 이것은 대부분의 동물실험에서 적용된다. Mead는 실험계획을 갖는 어떤 사람이 그것을 수행하기 위한 최대한 많은 정보를 얻어야만 하며, 많은 경우에 이것은 처리군에 차이가 있는지 뿐만 아니라 동물의 계통 혹은 성별과 같은 인자가 결과에 영향을 주는지를 찾아낼 필요가 있음을 보여준다. 요인설계(factorial designs)(4장 참고)는 많은 수의 동물을 사용하지 않고 처리, 성별 그리고 계통과 같은 독립변수 사이에 관계를 찾는 데 사용될 수 있다.

종속변수의 선택(측정되는 특성들)
Choice of dependent variables(characters to be measured)

양적 데이터(quantitative data)(측정)는 범주형 데이터(categorical data)보다 일반적으로 좀 더 많은 정보를 포함하고 있다. 그러나 주요한 설계원리는 자료의 특성이 무엇이든 동일하게 유지되며, 이 책에서 수치의 예시는 대부분 양적 데이터로 가정된다. 일반적으로 비록 정식의 통계시험이 포함되지 않는 탐구실험이 아닐지라도 통계분석은 실제 관심 있는 몇 가지 형질에 집중된다면, 가능한 많은 것을 편리하게 측정하는 것에 의미가 있다. 임상생화학과 혈구측정을 포함하는 일부 실험에서, 10-20 혹은 많은 독립변수들이 존재한다. 독성학실험에서 각 랫드는 100개 혹은 그 이상의 결과를 생산하며, 뇌 기능의 전기적 모니터링(electronic monitoring) 혹은 유전자 마이크로어레이(micro-array)는 실험단위에서 수천 개의 결과가 관찰된다. 따라서 이 단계에서, 연구자들은 어떻게 자료가 통계적으로 분석되고 해석되어 실험이 완성되는지에 대한 좋은 아이디어를 필요로 한다.

설계의 선택
Choice of a design

모든 상황에 적용할 수 있는 정형화되고 적절한 난괴법이 있다. 가장 단순한 것은 실험단위가 무작위 방식으로 처리군으로 배정되는 *완전임의배치법*(*completely randomized* design)이다. 이러한 방법은 처리군들이 일정한 수를 가질 수 있도록 하며, 각 집단에서 불공정한 수에 의한 영향이 없어지게 하며, 설계와 분석을 편리하게 해준다. 그러나 이 방법은 만약 실험재료가 이질적(heterogenous)이거나 자연적 구조의 일부를 가지고 있다면, 효과적이지 않다. 많은 진전된 방법들이 블록화(blocking)와 같은 기술을 사용함으로써 정확성을 증가시키기 위해 혹은 요인배치법(factorial design)이나 분할구배치법(split-plot design)을 이용하여 주어진 규격화된 실험으로부터 정보의 양을 증가시키기 위해 사용된다.

난괴법(*randomized block* design)은 통제되지 않은(매일-매일의 변이와 같은) 환경적 요인이 있을 때, 재료가 생각했던 것보다 이질적일 때, 실험단위가 일부 자연적 특성구조를 갖고 있을 때 사용된다. 예를 들어 만약 실험단위가 토끼 등의 피부염증 시험을 위한 피부패치이고, 오직 몇 가지 패치만이 각 토끼에서 사용할 수 있다면, 몇 마리 토끼가 필요하며, 그래서 토끼는 실험단위의 구역으로 표현된다. 라틴방격법(latin squares design)은 설명을 위해 두 가지 모두 필요로 하는 매일-매일의 변이(day-to-day variation)와 분단위의 변이(minute-to-minute variation)처럼 통제되지 않는 변이가 2개 일 때 사용된다.

*분할구배치법*과 *반복측정법*(*repeated measures* design)은 실험단위의 2개 다른 형태를 포함한다. 주요한 비교는 3개 사료(dietary) 혹은 A, B, C의 약물처치로 나누어진 동물들에서 이루어질 수 있다. 그러나 각 동물은 일정 기간 이상의 추가 처리군으로 분류될 수 있다. 예를 들어 X처리는 짧은 기간 동안 수행하고, 다음에 Y처리를 할 수 있다. X와 Y의 순서는 무작위로 나눌 수 있다. 이러한 방법에서, 전체동물은 주요플롯(main plot)이며, 일정 기간 동안의 동물은 하위플롯(sub-plot)이다. 용어들은 농업연구 분야로부터 유래되었다. '반복측정(repeated measures)'이라는 용

어는 일부 형질이 일정 기간 이상 반복적으로 관찰될 때 사용하지만, 관찰은 서로 간에 거의 독립적인 것으로 실시한다. 자세한 내용은 4장에 기술하였다.

다른 방법은 *교차법*(*crossover* design), *불완전 블록법*(*incomplete block* design) 그리고 *연속법*(*sequential* design)이다. 일부 방법은 매우 드물게 사용되지만 특별한 상황에서 중요하다.

*요인배치법*은 처리약물과 동물의 성별처럼 2개 혹은 그 이상의 독립변수의 영향이 하나의 실험에서 연구될 수 있는 방법이다. 엄밀히, 요인배치법은 설계보다는 처리를 배열한다. 그래서 요인배치법은 위에서 언급된 다른 방법에 덧붙여 수행되며, 완전임의요인배치법(completely randomized factorial design), 임의블록요인배치법(randomized block factorial design) 등이 가능하다. 모든 이러한 방법들은 4장에서 자세히 기술하였다.

시료크기의 결정

Determination of sample size

실험은 흥미로운 어떤 처리 간을 비교하고 집단 내 표준편차를 계산할 수 있을 정도로 충분히 커야 하지만 지나치게 큰 실험은 자원과 동물을 낭비하게 된다. 만약 많은 처리군이 있다면, 각 집단의 크기는 줄일 수 있다. 이것은 요인배치법으로 수행되며, 실험이 하나의 요인에 의한 것보다 유효한 많은 요인이 될 때까지 집단의 크기는 매우 작아질 수 있다. *유효성 분석*(*power analysis*)과 *재료방정식*(*resources equation*)은 시료크기를 결정하는 중요한 두 가지 방법이 있다. 자세한 내용은 5장에 기술하였다. 과학자들은 단지 모든 사람들이 그렇게 하기 때문에 집단당 6마리의 동물을 사용하는 방어적인 습관으로부터 벗어나려는 실제적인 노력을 해야 한다. 만약 5 혹은 6개 이상의 처리군이 있다면, 이것은 종종 많은 연구에 사용될 수 있지만 신속한 연구진행을 할 수 있는 과학적인 자원의 낭비를 초래할 것이다.

통계분석의 계획

Statistical analysis planning

과학자들은 실험을 시작하기 전에 그들이 어떻게 통계분석을 할 것인지 좋은 아이디어를 갖고 있어야만 하며, 각 실험의 다음 단계를 시작하기 전에 분석을 실시해야만 한다. 실패는 실험 전체과정이 결과를 분석할 수 없거나 혹은 부정확하게 수행되는 것을 의미한다.

예상치 않은 동물의 손실로 인해 발생하는 데이터의 손실에 의해 나타날 수 있는 문제들에 주의할 필요가 있다. 전체집단이 손실된 요인배치법은 문제의 원인이 될 수 있으며, 만약 많은 데이터의 손실이 예상된다면, 설계를 변경해야 한다.

필요하다면 예비실험

Pilot study, if necessary

만약 심각한 기술적인 문제가 대규모 실험에서 발생했다면, 동물들과 과학재료들이 낭비될 것이다. 따라서 실험과정에 새롭고 어려운 기술 혹은 복잡한 실행계획이 포함된다면, 기술적으로 실현 가능하도록 예비실험이 적용될 수 있다. 이러한 예비실험은 좀 더 명확한 연구 계획을 위한 유용한 정보를 제공할 것이며, 작은 수의 동물이 포함되도록 할 수 있다. 그러나 소규모실험에서는 집단 내 변이가 부정확하게 계산되므로, 본 실험에서 표본의 크기를 결정하기 위해 유효성분석에서 이러한 자료를 사용하는 연습을 해야만 한다.

프로토콜과 표준작업절차

Protocol and standard operating procedures(SOPs)

실험을 설계할 때, 프로토콜은 실험에 포함된 모든 직원들과 논의되고 준비될 필요가 있다. 실제로, 실험은 동물실 직원에게 세부적으로 설명되어야 한다. 만약 그들이 연구목적을 이해한다면 그들은 좀 더 협력적일 것이며, 도움이 될 것이다.

실험의 시행방법에 대한 논의는 이 책의 범위를 벗어난다. 그러나 일부 사항은 언급이 필요하다. 예측하지 못했던 어떤 사건들에 대해 기록한 메모장을 보관해야만 한다. 실험동물의 손실과 손실된 이유들은 항상 기록되어야 하며, 발간된 보고서에 기록되어야 한다. 만약 실제 관찰 혹은 측정에 대한 의문점이 있다면, 이러한 것들도 기록되어야 한다. 통계분석에서, 만약 데이터에 심각한 이상값이 발견되었다면, 관찰할 때 믿을 수 없는 판단이 이루어질 수 있다는 것을 인식하는 것이 필요하다. 그러나 단지 이것이 이상값이라는 이유만으로 관찰 과정이 삭제되어서는 안된다. '만약 필요하다면' 데이터의 적절한 전환과 함께, 추가적인 절차는 의문에 대한 관찰들이 포함되지 않은 혹은 관찰이 포함되는 데이터를 분석하는 것이다. 그러나 만약 결론이 동일하다면, 데이터는 유지될 수 있다. 그러나 만약 결론이 다르고 관찰을 폐기하기 위한 확실한 배경이 없다면, 어떤 확실한 결론을 도출하기에는 불안전하며, 반복적인 실험을 필요로 한다. 비모수(non-parametric)와 robust 통계방법(robust statistical methods)은 재료(materials)가 이질적인 경우에 고려될 수 있다.

통계분석
Statistical analysis

최종적으로, 자료는 분석되고 해석되어야 한다. 많은 실험설계들은 실험이 정상적으로 분포하는 잔차(residuals)와 각 집단 내에 동일한 변이를 갖는 적절한 범위로 자료를 정상적으로 전환한 후 변이분석(ANOVA)에 의해 분석될 수 있는 양적 데이터를 생산한다고 가정한다(집단평균과 개별관찰 사이에 차이는 존재한다). 변이의 균질성(homogeneity)과 정규성(normality)은 통계분석의 부분으로서 정상적으로 검사되어야 한다. 실험동물을 이용한 연구를 계획하는 과학자들은 양적 데이터의 분석을 위한 일반적이고 효과적인 방법인 ANOVA(4장 참조)에 익숙하다.

해석

Interpretation

통계분석의 목적은 처리집단 사이에 어떤 관찰된 편차가 처리에 의한 것보다는 개체들 간의 편차 때문에 표본 변이에 의해 증가될 수 있다는 가능성(probability)에 대한 양적 추정치(quantitative estimate)를 제시하는 것이다. 편차가 확률에 의해서 증가될 수 없는 경우에, 편차에 대한 신뢰구간(confidence interval)을 계산하기 위해 어떤 편차의 가능한 크기를 생각하는 것은 가능하다. 그러나 통계분석은 예를 들어, 동일한 결과가 다른 상황에서도 얻어질 수 있는 것으로 확대되는 것과 같이, 결과의 일반성(generality)에 대한 어떤 근거를 제시하진 못한다. 동물의 성별 혹은 계통과 같은 특성들이 '요인(factorial)' 실험설계에서 요인들(factors)로서 포함되는 경우에, 실험은 결과가 계통 혹은 성별-의존적인지를 보여준다. 유사하게, 만약 그들이 각 블록 내에서 합리적으로 반복되었음이 발견된다면 편차의 처리는 통계적 유의성을 보여주기 때문에, 실험이 작은 실험들(mini-experiment)로 분류될 수 있는 난괴법(randomized block design)이 결과의 일반성(generality) 증가를 도와주게 된다. 그럼에도 불구하고, 그들은 시료의 변이가 될 수 있기 때문에, 비록 통계분석이 중요한 처리효과에 대한 문제발생을 방지함에도 불구하고 결과의 해석은 과학적인 판단의 문제이다.

결과의 표현

Presentation of the results

결과는 가능한 분명히 표현해야 한다. 사용된 실험설계(예를 들어, 완전임의배치, 임의블록, 분할구 등)는 논문의 재료 및 방법에서 기술되어야 한다. 만약 방법이 특이하다면, 적절한 참고문헌을 언급해야 한다. 표와 그림은 분명히 제시되어야 한다. 만약 변이가 각 집단 간에 차이가 없다면, 각 집단에서 개별 표준편차를 계산하기보다는 표준편차의 합동추정치(pooled estimate)를 제시하여야 한다. 충분한 수치데이터는 다른 연구자들도 동일한 결론에 도달하도록 도와준다.

때때로, 어떤 결과들은 통계적 유의성도 있지만 그것 자체로도 흥미가 있다. 예를 들어, 하나의 실험에서 어떤 물질이 특정 농도에서 독성을 나타낸다는 증거를 보여주지 못할 수도 있다. 그러나 편집자들은 비록 그것이 중요할지라도, 유의성이 없는 결과를 보여주는 논문을 발행하기 싫어한다. 유의성이 없음은 실제 효과가 없기 때문에 혹은 실험이 생물학적으로 중요한 차이를 검출하기에 너무 적기 때문에 발생할 수 있다. 효과적인 분석(5장 참조)은 효율적인 실제 실험이 무엇인지를 결정하기 위해 자주 사용된다. 만약, 실험이 특별히 유효한 크기이고 이것이 기술되어 있다면, 논문은 승인될 것이다.

실험의 통계분석과 설계에서 공통적인 오류

Common error in the design and statistical analysis of experiments

비록, 대부분의 연구는 동물실험보다는 임상연구에 집중되어 있었지만, 발간된 논문에서 통계학적 오류에 대한 연구가 일부 보고되었다(Altman 1982, 1991; Festing 1994a, b). 그러나 이들 중에 일부는 실험설계상의 오류를 연구하였다. 하나의 문제는 저자들은 실험이 적절히 수행되었는지를 판단할 수 있는 정확하고 충분한 정보를 제공하지 않는다는 것이다. 예를 들어, 저자들이 실험재료가 임의적으로 처리집단에 배분되었는지 언급하는 경우는 드물다. 아마, 심사위원들은 그렇게 수행했을 것이라고 혹은 그들이 그것을 상대적으로 중요하지 않은 것으로 고려했을 것이라고 추측하고, 그래서 그들은 논문을 승인하게 된다. 아래에 열거된 공통적인 오류들은 발간된 연구들의 분석보다는 이 책의 저자들의 경험에 기반하여 제시된 것이다.

설계의 오류

Errors on design

실험들은 필요에 따라 수행된다(Experiments done on ad hoc basis)

때때로, 실험들은 전혀 설계되지 않는다. 처리집단과 대조집단은 연구자의 기분에 따라 추가되는 새로운 집단으로부터 시간 혹은 공간적으로 동떨어져 있으며, 따라서 어떤 비교는 다른 변이에 의해 혼란에 빠질 수 있다. 이러한 현상은 집단의 크기가 분명한 이유 없이 다양한 경우에 발생할 수 있다. 왜 대조집단은 5마리이고 처리집단은 17마리인가? 잘 설계되고 정확히 임의 배치된 실험들은 사용된 집단의 크기에 대한 근거를 갖고 있다. 만약 두 집단에 대상물의 수량이 동일하다면 두 평균 사이에 편차의 표준오차(standard error)는 최저가 된다. 그러나 만약 이것이 몇 개의 비교에 사용된다면 가끔은 대조집단이 많은 동물들을 포함하는 것이 좋다. 어떤 추가적인 설명 없이 '$n = 3 - 6$'이라고 설명하는 각주(footnote)를 포함하는 표를 보는 것은 특이한 것이 아니다. 이것은 실험을 시작하기 전에 설계된 모든 실험에 필수적이다.

처리집단의 부적절한 선별(Inappropriate choice of treatment groups)

요인배치법은 가끔 하나의 처리 조합을 상실하여 균형을 잃게 됨으로서, 정확한 통계요인분석을 어렵거나 불가능하게 한다. 대조집단은 정확히 처리집단과 일치하지 않으며, 어떤 경우에는, 대조군(vehicle control)과 비처리군(untreated control)이 모두 포함되기도 한다. Mead(1988)는 합리적인 각 실험으로부터 많은 정보가 얻어져야만 한다고 주장했다. 그는 잘 설계된 실험은 10-50 다른 처리집단을 가질 것이라고 제시했다. 이것은 어떤 부가적인 동물 수의 증가 없이 처리집단을 하위집단으로 분류하는 요인배치법을 이용해 도달하기는 어렵다(4장 참조). 그러나 매우 작은 수를 포함하는 동물실험들은 많은 처리집단들을 갖는다.

너무 크거나 혹은 너무 작은 실험(Experiment too large or too small)

매우 작은 실험들은 중요한 생물학적 결과를 도출하기 위한 통계적 효력이 부족하다. 그러나 어떤 수준 이상으로 실험의 크기를 증가시키는 것은 재실험(returns)의 가능성을 감소시켜준다. 따라서 비용부분에 동물의 고통 등 비금융적인 비용을 포함하는 경우, 효과와 비용 사이에 균형을 이루는 실험을 위한 최적의 크기가 존재하게 된다.

변이조절의 수단으로서 블록화 사용의 실패(Failure to use blocking as a means of controlling variation)

많은 실험에서, 실험이 작은 부분으로 분리되어야만 하는 병목현상(bottleneck)이 발생한다. 하나의 논문에서 보여주는 것처럼, 총 10개의 혈액을 얻기 위해 5분 간격으로 동시에 4개의 다른 처리집단의 24마리 랫드로부터 혈액을 채취하는 것은 불가능하다. 이러한 정렬(sort)의 모든 실험들은 지나치게 처리집단으로 분류함으로써 편향될 가능성이 있다. 더 나은 많은 방법들은 4장에서 논의된 것처럼, 최소실험(mini-experiment)의 시리즈가 되도록 하는 각 처리집단으로부터 오직 하나의 실험단위만을 가질 수 있도록 하는 난괴법을 사용하는 것이다. 이러한 예시에서는 오직 4마리 랫드만이 (각 집단으로부터 1마리씩) 한 번에 취급될 수 있다는 것이다.

동질유전자형 계통이 사용될 수 있을 때, 유전적으로 이질적인 동물들의 지속적인 사용(Continued use of genetically heterogenous animals when isogenic strains are available)

많은 연구자들은 유전적으로 이질적인((outbred)(폐쇄군)) 동물들이 유전적으로 이질적인 인간(genetically heterogenous human)을 더욱 잘 나타내는 우수한 모델이라는 잘못된 믿음 때문에 유전적으로 이질적인 동물(폐쇄군, outbred)을 지속적으로 사용하고 있다. 그래서 1999년에 하나의 독성학 잡지에 게재된 논문에 사용된 랫드의 70%는 폐쇄군 랫드였다. 불행히도, 유전적 이질성(heterogeneity)은 표현형적 이질성(phenotypic heterogeneity)을 유발하며, 그래서 처리효과를 검사하기 위한 실험에서 유효성은 감소하게 된다. 실제로, 표현형적 이질성을 나타내는 모든 것들은 처리의 미세한 효과를 모호하게 만든다. 이러한 동물을 사용하는 많은 사람들은 실험재료의 균질성이 중요하고, 체중의 범위가 좁은 동물들이 특이적이다는 것을 알고 있다. 설명할 수 없는 일부 이유 때문에, 유전적 변이에 의해 발생하는 표현형적 이질성은 환경적 요인에 의해 발생하는 표현형적 이질성과 다르며, 전자는 좋은 것으로 후자는 나쁜 것으로 고려된다. 이것이 과학적인 넌센스이다. 효과적인 연구도구로서 동질유전자형 계통(isogenic strain)을 사용하는 것은 오늘날 잘 확립되어 있으며, 모든 연구자들은 이러한 계통을 사용하기 위해 민첩하게 움직인다. 사실, 유전적으로 이질적인 동물들은 연구의 질에 심각한 해를 가져올 수 있다(Festing 1999). 자금지원당국(founding authorities)도 이러한 사항을 언급하고 있다.

실험의 통계분석에서 오류

Errors in the statistical analysis of experiments

발표된 논문의 통계학적 품질에 대한 몇 개의 조사가 있었다. 비록 결론이 항상 무효화되지 않았지만, 대부분은 발표된 논문의 절반 이상이 데이터분류의 통계학적 오류를 갖고 있었다. 대부분의 공통적인 오류는 다음과 같다.:

수치데이터의 통계학적 분석에 대한 실패(Failure to do any statistical analysis of numerical data)

논문들은 어떤 통계적인 분석 없이 수치데이터만을 제시하기 위해 계속 발표되어야 하며, 가끔은 가치 있는 분석이 되기에 데이터가 불충분하다고 주장하기도 한다. 이러한 것들은 아마도 사실일지 모르지만, 많은 경우에 입증되지 않는 결론 도출을 방지하기 위해 자료가 부족할 때, 통계적인 분석은 실제로 중요하다. 만약 각 집단에 총 수가 너무 적다면, 퍼센트(%)는 광범위하게 다를 수 있고, 아직까지 유의적인 차이는 없기 때문에 퍼센트는 실제로 남용되기 쉽다. 표준오차로 표시되거나 95% 신뢰구간으로 표시되는 퍼센트는 매우 드물다.

오류에 대한 기초데이터 스크리닝 실패(Failure to screen raw data for errors)

자료는 가끔 기기를 잘못 읽거나 부정확하게 옮기기 때문에 명백한 오류를 포함한다. 기초자료(raw data)는 매우 드물게 출판되기 때문에 이러한 자료들이 얼마나 자주 부정확하게 남아있는지는 분명하지 않다. 이러한 형태의 오류는 다양한 형태의 그래프를 이용하여 확인할 수 있다. 예를 들어, 유전적으로 매우 동일한 두 종류의 마우스 계통에 미세부수체 마커(microsatellite markers) 1,000개 이상을 제시하는 연구가 웹(web)상에 자료로써 발간되었다. 한 계통의 도식화(graphing) 크기를 다른 것과 비교할 때, 관찰된 차이의 대부분은 너무 작고 분명히 오류측정에 의해 발생한다. 그러나 편차 28은 크며, 크기가 하나의 계통에서 198 bp이며, 다른 계통에서 98 bp인 경우와 같이, 일부는 부정확한 전달의 오류로 발생한다(Festing 2000).

Student's *t-test*의 부적절한 사용(Inappropriate use of Student's *t-test*)

Student's *t-test*는 정상분포를 갖는 잔차(예, 집단평균으로 부터 각 관찰된 변이들)와 동일변이를 갖는 두 집단의 평균을 비교하기 적합한 모수검증(parametric test)이다. 비록, 비정규성(non-normality)과 비등분산(unequal variance)인 자료를 *t-test*를 실시하는 것보다 비모수검정(non parametric test)인 순위합검정(rank sum test, Mann-Whitney)을 사용하거나 정규성(normality)과 등분산(equal variance)인 자료로 전환하여 *t-test*를 실시하는 것이 더 좋다.

Student's *t-test*는 처리집단이 2개 이상인 실험의 분석에는 부정확하게 사용될 수 있으며, 요인배치법의 분석을 위해서도 부적합하다. 이러한 방식의 검증이 갖는 문제점은 4개 집단의 평균들 간에 만들어질 수 있는 6개의 가능한 비교가 존재한다는 것이다. 이것은 거짓양성(false-positive) 결과들을 만들 수 있는 기회를 갖고 있는 6개의 검증을 내포한다. 만약 유의성이 5% 수준에서 선택된다면, 비록 처리가 실제 효과는 없더라도, 하나 혹은 그 이상의 결과들이 '유의성'을 갖게 될 26%의 기회가 존재한다. Bonferroni correction(여러 개의 가설을 한 번에 검정할 때, 가설의 숫자가 많아짐에 따라서 발생할 수 있는 타입 I 오류(alpha)를 조절하는 것을 의미)을 사용하는 것이 가능하지만, 지나치게 변환되면, 지나치게 많은 거짓음성(false-negative) 결과들을 만들게 될 것이다.

두 번째 문제는 예를 들어 2개 집단들이 실제로 비교되는 것처럼 각 검증이 자료의 하위 단위에서 수행되기 때문에, *t-test*가 통계력이 부족하다는 것이다. 이것은 집단 내 변이에서 다른 집단들 안에 포함된 모든 유용한 정보들을 무시하게 된다. 이것은 만약 좀 더 적절한 검증이 사용된다면 *t-test*가 유의성을 가질 수 있는 생물학적으로 중요한 효과를 찾아내지 못한다는 것을 의미한다.

마지막으로, *t-test*는 상호작용의 검증을 위해 사용되기 쉽지 않기 때문에, 요인배치법 분석에는 적합하지 않다. 모든 이러한 문제점들은 변이 분석을 사용함으로써 극복할 수 있으며, 4장에서 자세히 기술하고 있다.

P-값의 부적절한 해석(Misinterpretation of *P*-value)

유의성이 없는 것은 종종 처리 효과가 없는 것과 동일하다. 그러나, 증거의 결핍은 결핍의 증거가 없다는 것이다. 유의성이 없다는 것은 처리의 효과가 없거나 혹은 실험이 생물학적 유의성이 있을 정도로 충분히 큰 효과를 검출하지 못함을 의미한다. 만약 재료가 이질적이라면, 이러한 것은 처리 효과를 모호하게 하는 노이즈(noise)의 원인이 되거나 혹은 실험이 너무 작은 경우 발생할 수 있다. *P*-값의 정확한 의미는 일반적으로 잘못 이해되고 있다. *P*-값은 귀무가설(null hypothesis)이 사실이라는 가능성을 제시하는 게 아니다. 최소한 극단적(평균 사이의 차이로 언급된다.)인 경우, 만약 귀무가설이 사실이라면, 실제 발견된 것은 발견되었을 수 있다는 극단적인 결과(probability)의 가능성을 나타낸다.

부적절하거나 부정확한 통계분석(Inappropriate or incorrect statistical analysis)

가끔 통계분석은 적절하지 못하다. 어떤 실험에서 간(liver)이 제거된 랫드로 부터 간 무게는 간의 절반을 제거한 후 즉시 *t-test*를 이용하여 대조군과 비교된다. 간 무게의 절반은 전체 간 무게보다 적다는 가설을 시험하기 위해 시도된다. 다른 경우에서 잘못된 시험이 사용되거나 혹은 계산이 부정확하다. 예를 들어, 어떤 시도는 총 계(counts)보다는 퍼센트상에 카이자승검증(chi-squared test)으로 만들어진다. 종종 총 계가 너무 작을 때도 카이자승검증을 사용한다. 만약 각 칸의 기대되는 값이 5 혹은 그 이상이라면 정확하다. 만약 그렇지 않다면, Fisher의 정밀검증(Fisher' exact test)을 사용해야만 한다.

자료누락에 대한 설명부족(Unexplained omission of data)

가끔 관찰은 그들이 우수한 결과가 될 수 있는 것을 망칠 수 있기 때문에 설명 없이 폐기된다. 시료의 크기가 적절하지 않고 명백한 이유 없이 불균등한 경우에, 개별 자료들이 버려진다는 의심이 있을 수 있다. 이상값(outlier)이 발생하는 경우에 그들의 원인은 연구되어야만 한다. 일부 경우에, 그들은 간단하며 수정이 가능한 기록 오류이다. 만약 그렇지 않다면, 일부 자료는 삭제되어야 하고, 이러한 이유는 기록되어야 한다. 이러한 경우에 이상값과 비정상적인 관찰은 매우 유용한 정보를 제공하며, 그래서 그들은 간단히 삭제될 수 없다.

2

동물의 선택

Choice of animals

도입

Introduction

가능하다면, 동물실험은 임상 또는 준임상적 질병으로부터 안전한 고품질이고, 유전적으로 정의되며(즉, 동질유전자형, 돌연변이 또는 유전자변형), 영양학적으로 적절한 식이와 좋은 환경에서 유지된 동물을 사용하여 수행되어야 한다. 이러한 동물들은 일반실험동물(conventional animals)에 비해 가격이 비싸지만, 수량이 적게 필요할 것이며, 그 결과는 반복성이 있고 믿을만할 것이다. 동물 비용은 대개 총 연구비용의 극히 일부분임을 고려할 때, 윤리적이거나 경제적인 이해 없이 저렴한 동물을 사용하는 것은 연구의 과학적인 질을 떨어뜨리는 것과 같다.

질병으로부터의 해방

Freedom from disease

1950년대 이전에는 모든 종의 실험동물들은 수많은 바이러스, 세균, 그리고 후생동물을 지니고 있었다. 이러한 것들은 수명을 감소시키거나 변이를 증가시킴으로써 연구를 방해하는 임상 또는 준임상적 질병을 야기했고, 이로 인해 더 많은 동물들이 필요하게 되었으며, 일부 경우에는 거짓된 결과를 제공하는 실험적 처리 간의 상호작용에 의해 연구가 방해되었다. 따라서 1930년대에 실험용 마우스의 평균 수명은 계통에 따라 다르지만 오늘날 마우스의 수명이 2-3년인 것에 비해 겨우 12개월이었다. 이는 주로 *Mycoplasma pulmonis*와 만성 호흡기질환을 야기하는 다른 미생물의 감염원 때문이었다. 어떤 단계에서는 비타민 A 결핍마우스가 결핍이 없는 마우스에 비해 폐의 손상이 심각했기 때문에, 비타민 A의 결핍이 폐 손상을 유발한다고 생각했다. 그러나 이후 비타민 A 결핍에 의한 생리학적 스트레스가 주로 만성 호흡기질환과 연관된 폐 손상의 빈도를 증가시키는 것을 알 수 있다(Lindsey *et al.* 1971).

임상 또는 준임상적 질병을 가진 동물들은 주로 건강한 동물들에 비해 변수가 많기 때문에, 실험을 할 때 통계학적 정확성의 수준에 도달하기 위해서 더 많은 수량을 필요로 한다. 어떤 연구에서(Gartner 1990), 신장 무게의 표준편차는 건강한 마우스에서 18.6 유닛(units)인데 비해, 만성 호흡기질병을 가진 마우스는 43.3(임의의) 유닛이었다. *분석력*(*A power analysis*)(5장에서 보다 자세히 설명)은 만일 어떤 실험이 신장 무게를 이용하여 몇 가지 치료의 효과를 연구하기 위해서 실행될 때, 필요로 하는 동물의 수를 결정하는데 이용 가능하다. 10% 수준에서 실험집단과 통제집단 간 차이가 있는지 검정하고자 한다면, 이 실험은 5%의 유의 수준(significance level)을 갖는 80%의 검정력(power)(즉, 같은 효과를 감지할 80%의 가능성)을 갖는다. 이것은 실험이 건강한 랫드를 사용하여 그룹당 42마리를 필요로 하거나, 만성 호흡기질환을 가진 마우스를 사용하여 그룹당 200마리를 필요로 할 것으로 예측한다. 더불어, 일반 랫드들은 실험적 처리와 호흡기질환을 겪게 될 것이다. 이러한 동물을 사용하는 것은 윤리적이지 않다.

1950년대 후반에 흔히 '특정병원체부재(specific pathogen free)' 또는 'SPF'라고 불리는 기술들이 병원성 미생물을 제거하는 수단으로 개발되었다. *자궁 내*(*in utero*)의 태아는 대개 미생물학적으로 무균상태이다. 이들은 무균 조건 하에서, 출산 전에 모체로부터 분리되었으며, 아이솔레이터(isolator)에서 멸균유와 사료를 이용하여 사육되었다. 이러한 기술을 통해 마우스와 랫드의 무균(germ free) 혹은 무균콜로니(gnotobiotic colonies)로 확립되었다. 비록 이 동물들이 살아남고 번식되었지만, 그들은 많은 관점에서 비정상적이었고, 유지하기가 어렵고 비용이 많이 들었다. 추가적인 연구는 비병원성 장 박테리아에 의해 감염된 동물들은 질병이 없는 정상적인 일반실험동물들처럼 성장하는 것을 규명하였다. 이러한 동물들의 콜로니는 병원균의 재감염을 방지하기 위해 멸균된 사료, 깔짚 그리고 장비가 모두 제공되는 베리어 동물시설에서 확립되었다. 이 SPF 동물들은 직원에 의해 때때로 불필요한 미생물들이 감염되지만, 그들은 본질적으로 중요한 병원성 미생물이 없는 일반실험동물들과 같다. 이러한 동물들은 비록 일반실험동물들에 비해 값은 비싸지만, 소수가 이용되더라도 이러한 동물들이 가능한 많이 사용될 수 있도록 하는 것은 경제적으로 뿐만 아니라 윤리적으로도 바람직하다.

최근, SPF 마우스, 랫드, 토끼와 몇몇의 다른 종들은 상업적으로 사육하는 사람들에 의해서 광범위하게 구입이 가능하다. 이것들은 정기적으로 검사되고, 확실하게 정의된 세균, 박테리아, 기생충들이 없다는 것을 알 수 있고, 상세설명은 사용자들이 요구하면 받을 수 있다. 제약 산업은 이런 동물들의 사용에 대한 중요성을 인식하고, 우수품질의 동물 사육에 대하여 비중 있게 연구를 수행하였다. 그러나 몇몇의 학술연구기관은 일반실험동물을 계속 유지하고 있다. 이것들은 동물시설에서 사육되는 다른 SPF 동물들에 대한 감염원이다. SPF 표준이 없는 학술적인 동물 사육시설에서 생산된 유전자변형 계통은 감염의 문제를 내포하고 있다. 이들 동물이 전 세계의 다른 연구자들에게 배포될 때 이들이 질병을 퍼트린다는 증거가 알려져 있다. 이 문제는 또한 연구소들 사이에서 공동연구의 제한요인이 되기도 한다.

종의 선택

Choice of species

많은 연구들이 암(cancer) 혹은 죽상동맥경화증(atherosderosis)과 같은 질병의 특정 모델을 사용하거나 혹은 특정 유전자의 제거효과를 조사하기 위해 설계된다. 종의 선택은 각 종에서 모델의 이용가능성(availability)을 고려한다. 종을 선택할 때, 사용하는 일반적인 전략은 마우스를 사용하는 것이다: 마우스는 작고 경제적이며, 계통과 돌연변이, 종에 따라 이용 가능한 기술들이 많다. 랫드는 또한 다른 현명한 선택이

다: 이들은 크며, 생리학, 약리학, 심리학, 독성학 분야에서 오랫동안 사용되어 왔다. 햄스터, 기니피그, 게르빌루스 마우스와 같은 다른 설치류나 토끼, 개, 돼지와 같은 대동물들도 널리 사용되며, 실험실환경에 잘 적응한다. 동물의 선택은 개별 실험을 설계하는데 몇 가지 영향을 준다. 마우스와 랫드의 동질유전자형 계통(Isogenic strains)들은 쉽게 이용가능하며, 그들의 표현형적 균질성(uniformity)과 다른 유용한 특성들 때문에 실험들이 비동질유전자형 동물(non-isogenic animals)이 사용되는 것보다 적게 동물을 사용하도록 설계할 수 있다.

동물이 커질수록 각 실험에 사용량이 적어진다는 것에 주목할 필요가 있다. 2개의 독성학 저널에서 비공식적으로 수행된 설문조사에 따르면, 11개의 연구는 평균 227마리의 마우스를 사용하였으나(중간값 110, 최소 51, 최대 839), 44개의 연구에서는 평균 74마리의 랫드를 사용하였다(중간값 39, 최소 4, 최대 931). 일반적으로 비슷한 목적으로 유사한 실험을 할 때, 마우스보다 적은 수의 랫드를 사용하는 것이 통계학적으로 정당성이 있는 것은 아니다. 하지만, 만약 더 많은 특성들이 측정될 수 있다면, 혹은 대동물을 사용하여 보다 정밀하게 측정 할 수 있다면, 낮은 검정력 실험에 보다 많이 적용할 수 있거나 혹은 단지 커다란 처치 효과에만 영향이 있다면, 대동물을 적게 사용하는 것을 정당화하는 것이 가능할 지도 모른다. 차이에 대한 정확한 원인은 추가 조사를 필요로 한다. 그러나 소동물의 크기와 유전자 변형의 양 때문에, 마우스는 종종 유전학 연구를 위해서 랫드보다 우선적으로 사용된다. 유전의 복잡한 형식을 갖는 형질의 유전자지도(genetic mapping), 돌연변이 유발(mutagenesis), 유전적 분석은 랫드가 일반적으로 사용되는 공식적 제어 실험보다 많은 동물수를 필요로 한다.

The *UFAW Handbook on The Care and Management of Laboratory Animals* (Poole & English 1999)는 개별 종의 특성에 대한 유용한 정보를 제공하는 출처이며, the *Principles of Laboratory Animal science* (van Zutphen *et al.* 2001)은 개별 종에 대해 각 장(chapter)로 구별하여 기술하고 있지 않지만 실험동물과학에 대한 많은 일반적인 정보를 제공하고

있다. 몇 가지 종의 특성에 대한 간략한 설명은 표 2.1a와 b에 제시되어 있다.

표 2.1a 일부종들의 특성

Character	Mouse	Syrian hamster	Rat	Guinea pig	Rabbit
Typical adult weight (g)	25-30	30-40	250-600	500-800	1000-7000
Average longevity (years)	1-3	3	2-3	6-8	5-6
Chromosome number	40	22	42	64	44
Age at puberty (days)	35	45-60	45-75	45-75	150-210
Usual breeding age (days)	50	80	80	80	150-210
Usual breeding method[1]	PM	HM	PM/H	PM	HM
Length of oestrus cycle (days)	4-5	4	4-5	14-16	Induced ovulation
Gestation period (days)	20	21	21-23	65-72	31-32
Average litter size	6-9	4-6	6-10	3-4	6-8
Typical weight at girth (g)	1-2	1-2	5-6	85-90	100
Typical weaning weight (g)	10-12	6-8	35-40	250	1000
Age at weaning (days)	19-21	21	21	14-21	50

[1]PM = Permanently mated, HM = Hand mated, H = Harem mated.

표 2.1b 일부종들의 특성

Character	Ferret	Cat	Dog	Mini-pig	Rhesus monkey	Marmoset *Callithrix jacchus*
Typical adult weight (Kg)	0.75-0.80	3.5-4.5	10-30	20	5-12	0.24-0.60
Average longevity (years)	5	13-17	13-17	>6	15-20	8-12
Chromosome number	40	38	78	38	42	44-48
Age at puberty (days)	180-270	180-240	180-350	60-70	800	390-450
Usual breeding age (days)	180-270	270	270	80-100	1200	400
Usual breeding method[1]	H	HM/H	HM	H	H/MH	PM
Length of oestrus cycle (days)	-	15-28	22	21	28	28
Gestation period (days)	42	63	63	114	146-186	130-144
Average litter size	6-7	3-4	3-8	5-7	1	2
Typical weight at girth (g)	10	110	200-500	400-600	380-450	25-35
Typical weaning weight (Kg)	0.45	0.7-0.8	1-2	4.5-6.0	1.0-2.5	50-100
Age at weaning (days)	50	50	42-50	56	120-180	80-140

[1]PM = Permanently mated, HM = Hand mated, H = Harem mated.

유전학적 정의
Genetic definition

마우스와 랫드를 이용하는 연구원들은 '유전자' 유형의 범주에 대하여 당혹스러운 상황에 직면하기도 한다. 이들은 세 가지의 주요 분류로 나누어진다:

(1) 유전적으로 정의되지 않은 폐쇄군(outbred) 동물
(2) 유전적으로 정의된 동질유전자형 계통(isogenic strain, congenic, consomic 그리고 재조합 근교계와 congenic 계통의 F1 교잡을 포함한다.)
(3) 부분적으로 유전적으로 정의된 계통(유전적 배경이 정의되지 않은 돌연변이와 형질전환)

※ Congenic 계통
특정 돌연변이 유전자를 가지고 있는 동물을 기존의 근교계와 역교배를 반복하여 목적으로 하는 유전자 이외의 모든 유전자의 조성을 기존의 근교계와 동일하게 만든 계통

※ Consomic 계통
X 또는 Y 염색체와 같이 하나의 염색체를 기존의 근교계 염색체와 치환한 계통으로 10배 역교배를 실시하여 제조 가능

각 유형에는 각각 고유한 특성을 지닌 많은 개별 계통들과 동물들이 있다. 따라서, 특정한 프로젝트에서 계통을 합리적으로 선택하는 것은 분명히 힘든 일이다. 일부의 동물들은 고혈압, 종양의 특정 유형 혹은 당뇨병과 같은 질병 등 유용한 특성들을 가지고 있기 때문에, 몇몇의 경우에서 특정한 계통, 돌연변이체 혹은 유전자변형 계통이 선택될 수 있다. '유전적 목적(general purpose)'으로 동물이 요구되는 경우에, 하나 이상의 동질유전자형 계통의 사용을 고려해야 한다. 동물의 주요 계통들의 특성은 아래에서 간략하게 논의되었다.

유전적으로 정의되지 않은 폐쇄군

Genetically undefined outbred stocks

이런 분류 동물의 모든 개체들은 각각 유전적으로 고유하며, 그래서 만약 특별한 유형이 없다면 개체의 유전자형에 관해 알려진 것은 거의 없다. 폐쇄군 랫드와 마우스들은 상업적으로 이용가능하며, 비록 그것들의 지속적인 사용을 정당화시키기 위해 시도한 과학적인 사례가 과거 20년 동안 거의 발표되지 않았지만, 그들은 여전히 몇 가지 규율에 따라 널리 이용되고 있다. 연구물질처럼, 그들은 일련의 심각한 결핍으로 고통받는다.

(1) 그들은 동질유전자형 계통보다 표현형적으로 많은 변수가 있으며, 그래서 통계적 정확성(precision)에 도달하기 위해 더 많은 수가 필요하다.

(2) 만일 엄격한 기준(Papaioannou & Festing 1980)으로 유지되지 않는다면 그들은 몇 세대의 기간에 걸쳐서 심각한 유전자의 이동이 발생할 것이다. 이것은 계통의 특성에 대한 기초자료가 빠르게 폐기되는 것을 의미한다.

(3) 다른 출처로부터 유래된 Wistar 랫드들은 그들 특성이 광범위하게 다루어질 수 있기 때문에, 'Wistar' 랫드나 'Swiss' 마우스와 같은 동물들의 이름은 실제로는 의미가 없다. 따라서 만일 연구가 다른 실험실에서도 반복될 수 없다면, 이것이 동일한 동물들 간에 차이 때문인지 혹은 다른 어떤 원인의 차이 때문인지 분명하지 않다.

(4) 개개의 동물들에서 출연하는 실제 대립 유전자 혹은 유전변이 수준에 관해 알려진 것은 거의 없다. 일부 폐쇄군 동물들은 유전적으로 이질적이며; 또다른 것들은 수세대에 걸친 근교가 점진적으로 축척되어 제한된 집단 크기의 결과로 인해 거의 근교계(inbred)가 된다.

(5) 특정한 동물을 식별하는데 사용할 수 있는 유전테스트는 없다. 예를 들어 Wistar와 Sprague-Dawley 랫드를 구분하는 것은 불가능하다.

일부 시도(attempts)들은 중요한 시험이 포함되지 않은 2개 분야에서 폐쇄군 동물의 사용을 정당화 해주고 있다. 첫 번째는 '인간들은 유전적으로 이질적이며, 그 목표는 사람을 모델로 하는 것이다. 따라서 유전적으로 이질적인 동물을 사용하는 것은 타당하다'. 그러나 이것은 모델의 전반적인 개념에 대한 오해이다. 모델은 모든 관점에서 모델화되는 것과 차이가 있다. 모델의 상대적 관점이 모델화 되는 것과 유사하다는 것이 중요하다. 따라서, 마우스와 랫드가 인간의 좋은 유전적 모델이라면 유전학 연구에서 유용하다. 생리학, 생화학 또는 독성학 연구를 위해서는 그것들이 생리적 등의 관점에서 우수해야하지만, 반드시 좋은 유전 모델일 필요는 없다. 동질유전자형 계통은 폐쇄군 동물들보다 더욱더 가치 있는 연구 수단으로 사용할 유용한 특성들을 많이 가지고 있다. 그리고 대부분의 연구에서 한 계통에 속하는 개체들이 단지 유전적으로 동일하다는 이유만으로 잘못된 인간의 모델로 간주되어서는 안 된다.

두 번째로, 독성학자들과 일부 다른 과학자들은 높은 유전적 이질성은 적어도 일부 허용 가능한 동물들의 독성을 검색하기 위해 사용되는 시험 집단에 제시 될 수 있는 높은 가능성이 존재함을 확신하고 있다. 그러나 비록 폐쇄군 동물 내에서 표현형적 변화가 일반적으로 동질유전자형보다 다양하더라도, 동질유전자형 계통들 간의 차이는 하나의 폐쇄군 계통 내에서의 다양성보다 실질적으로 크다. 따라서 여전히 검정력이 있는 실험 설계를 하는 동안, 유전적 이질성의 폭을 넓히기 위한 최선의 전략은 몇 가지 폐쇄군 계통의 적은 수의 동물을 사용하는 것이다. 이런 식으로, 처리되거나 통제된 그룹들은 통계적으로 강한 검증력을 제공하면서, 실험 초기에 유전적으로 동일하게 된다. 그렇지만 계통간의 차이는 감수성 측면에서 하나의 폐쇄군 계통의 사용을 통해 얻어질 수 있는 것보다 훨씬 많이 발생할 수 있는 변화 범위를 제공할 것이다. 잠재적 독성물질의 처리와 한 계통 이상의 어떤 동물을 포함하고 있는 실험적 설계는 계승설계(a factorial design)로 알려져 있다. 이러한 설계는 매우 효율적일 수 있다(4장 참고).

때때로 사람들은 동질유전자의 인간들이 임상시험에 사용되지 않기 때문에, 동질유전자형 동물을 이용해서는 안 된다고 주장한다. 그렇지만, 일란성 쌍둥이들은 동질유전자이고, 만약 그들을 쉽게 이용할 수 있다면, 그들은 임상시험들을 위한 이상적인 재료가 될 것이다. 일란성 쌍둥이 소(cow)는 확보가 어렵지만 농경실험에서 효과적으로 사용된다. 그리고 더 큰 동물들을 복제할 수 있는 장점 중 하나는 그들이 적은 수의 동물을 필요로 하면서, 보다 검정력이 있는 실험설계를 수행하는데 유익하다는 것이다.

동질 유전자 계통(근교계, 제1대 교잡종, Consomic 계통들, 일란성쌍둥이)

Isogenics trains(inbred strains, F1 hybrids, congenic strains, consomic strains, monozygous twins)

이러한 계통의 가장 중요한 특징은 각 개체의 유전자형이 하나(일란성 쌍둥이의 경우) 또는 많은 개체에서 복제된다는 것이다. 근교계는 20 또는 더 많은 세대수를 거친 형제자매의 교배에 의해 생산되며, 그들은 여러 가지 측면에서 유전적으로 동일한 개체의 죽지 않는 클론과 유사하다. 이 계통은(폐쇄군 동물과 비교했을 때) 표현형적으로 동일한 경향을 나타내며, 여러 세대동안 유전적으로 일정하게 유지된다. 그리고 대다수가 많은 유전자좌(loci)에서 유전자형화 된다. 각 계통의 기원, 역사, 유전자형, 그리고 표현형 특성에 관한 본질적인 기초 정보가 존재한다. 이들은 DNA의 작은 시료를 통해 유전적으로 쉽게 입증할 수 있다.

마우스의 400개 이상 근교계 계통과 랫드의 200개 이상의 계통은 세계 여러 곳으로부터 입수가능하고, 많은 것들이 상업적으로 이용가능하다. 이러한 것은 동물이 순수한 분석수준의 시약에 대해 매우 근접해있음을 나타낸다. 그리고 12개 이상의 노벨상은 동물을 사용하는 작업으로 수상하였다(Festing & Fisher 2000). 동질유전자형 계통을 사용한 연구의 80%는 가장 대중적인 10가지 계통(표 2.2)을 사용하여 실행되었다. 각 계통은 각각의 고유한 특성을 가지고 있으며, 계통의 차이는 연구되고 있는 거의 모든 특정한 성질을 찾아낼 수 있다. 일부 계통은 암 발생률이 높았고, 또 다른 일부는 심장질환을 가지고 있었으며, 또 다른 일부는 아무런 특성도 없었다. 일부는 능동적이며, 일부는 수동적이다. 일부는 알코올을 좋아하고 일부는 혐오했다. 일부는 특정학습과제를 잘 배우지만 일부는 그렇지 않다. 자연히 치료는 특정한 연구 프로젝트를 위하여 적절한 계통을 선택하는 것이다. 장기간의 발암물질 검사에서 AKR 마우스 계통을 사용하는 것은 현명하지 않은데 그 이유는 대부분의 이런 마우스들은 1살 전에 백혈병으로 죽기 때문이다. 일반적인 연구에서 특정한 유전자형의 동물들이 요구되지 않지만, 가장 좋은 전략은 표 2.2에서 보여주는 것처럼 BALB/c나 C57BL/6 마우스 또는 F344나 LEW 계통의 랫드와 같이 대중적인 계통 중에서 하나 또는 그 이상을 사용하는 것이다. 일련의 시험이 계획되는 경우에 몇몇의 계통을 포함하는 작은 지표연구를 하는 것은 가장 적절한 반응을 하는 것을 찾기 위해서 유용하다. 관찰결과가 선택한 계통에만 유일하지 않다는 것을 확인하기 위해서 가끔씩 다른 계통을 사용하지 않고 하나의 계통으로만 오랜 시리즈의 실험을 하는 것은 어리석은 일이다. 목록에 있는 마우스와 랫드 근교계의 표현형 특성은 웹사이트(www.informatics.jax.org)에서 알 수 있으며, 근교계 마우스 계통은 최근에 개정되었다(Beck *et al.* 2000).

두 가지 근교계간의 첫 번째 세대인 F1 교잡종은 동질유전자형이며, 교잡종은 교잡종 활력 때문에 체력이 매우 강하고 활발한 경향이 있다는 이점을 가진다. 그들은 근교계와 연관되어 혹은 대신하여 사용될 수 있다. 그러나 근교계와 달리, 그들은 부모의 다른 계통에 다른 모든 유전자좌에서 이형접합체로서 진정한 교배가 이루어지지 않으며, 후대에서 유전적 분리를 가져오게 된다. 그들의 활기와 좋은 번식 능력으로 인해 F1 교잡종은 유전자변형동물의 생산에서 자주 사용되고 있어 이러한 문제를 일으킬 수 있다. 불행하게도, 유전자변형계통은 처음 몇 세대에서 심각한 유전적 이동과 이식유전자(trans gene)발현에서 변이의 원인이 될 수 있는 많은 유전자좌로 부터 분리될 것이다. 이론상으로, 이식유전자는 근교계에서 여러 세대동안 역교배 되어야한다(Silva *et al.* 1997).

동질유전자형 계통을 사용하는 사람은 정확한 학명을 사용할 것을 강하게 권유받는다. 그래서 계통의 사용을 명확히 하고, 이 연구를 다른 실험실에서 반복할 수 있어야 한다. 공식적인 학명 규칙들(www.informatics.jax.org)이 있지만, 간략하게 말하면 계통은 몇 개의 대문자와 가끔씩 숫자로 이루어진 코드로 알려져 있다(표 2.2 예제 수록). 이러한 규칙들은 마우스에서 비교적 잘 관찰되지만, 랫드를 이용한 이러한 작업에서 완전히 그것의 철자와 코드의 기원을 찾는 것은 통제 불가능한 권고를 가지고 있는 것처럼 보인다. 이것은 공식적인 학명 규칙에 위배되는 것이므로 그렇게 해서는 안 된다.

표 2.2 **상위 10개 근교계 마우스와 랫드 계통**(보유자의 수로부터 계산되었고 하위계통을 합하고 congenic 계통은 무시됨)

Rank	Mouse		Rat	
	Strain	Holders	Strain	Holders
1	BALB/c	162	F344	51
2	C3H	145	LEW	37
3	C57BL/6	116	SHR	34
4	CBA	113	WKY	31
5	DBA/2	92	DA	28
6	C57BL/10	60	BN	26
7	AKR	52	WAG	21
8	A	51	PVG	17
9	129	50	BUF	17
10	SJL	40	WF	15

동질유전자형 계통들은 대개 폐쇄군 동물(아래 논의)에 비하여 표현형적으로 보다 동일하다(아래 참고). 어떤 결과는 대부분의 경우에 적은 수의 동물이 통계적 정확성을 주는 수준에 도달하기 위해 필요하다는 것이다. 마우스에서 hexobarbital 수면시간에 따른 데이터를 표 2.3에 나타내었다(Jay 1955). 실험은 표에 기록된 조건하에 처리군과 대조군 사이의 수면시간에 10%의 변화를 감지하도록 설계되었다고 계산한다. 그리고 근교계 계통의 하나를 사용하여 군당 7-105마리의 마우스 또는 폐쇄군 마우스 144-257마리가 요구된다. 그러나, 만약 군당 단지 20마리의 마우스가 사용될 수 있다면, 수면시간의 10% 변화를 감지할 수 있는 실험의 검정력은 근교계 계통을 이용한다면 28-99% 이상이고, 폐쇄군 계통을 사용한다면 14-23%일 것이다. 아마도 이러한 차이는 일상적인

표 2.3 다섯 가지 근교계와 두 가지 폐쇄군의 마우스에서 헥소바비탈 수면시간 표는 계통이름, 혈통의 종류, 시험횟수, 수면시간, 표준편차(SD) 그리고 의존적 변이로서 수면시간을 갖는 대조군과 처리군을 포함하는 실험에서 측정된 수면시간에 10% 변화가 관찰되기 위해 필요로 하는 계산된 마우스의 수를 포함하며, 데이터는 90%의 검정력과 5% 유의성을 갖는 2개-시료 *t-test*(2-sided)를 이용하여 분석되었다. 만약 샘플의 크기가 군당 20마리로 고정되었다면 표는 또한 이러한 효과를 검출하기 위해 실험의 검정력을 보여준다. 검정력 분석을 이용한 샘플 크기에 대한 자세한 정보는 5장을 참조하라.

Strain	Class	No. tested	Mean	SD	No. tested	Power[1]
A/N	inbred	25	48	4	16	95
BALB/c	inbred	63	41	2	7	>99
C57BL/HeN	inbred	29	33	3	19	92
C3HB/He	inbred	30	22	3	41	61
SWR/HeN	inbred	38	18	4	105	28
CFW	Outbred	47	48	12	133	23
Swiss	Outbred	47	43	15	257	14

[1]to detect a 10% change in the mean assuming a fixed sample size of 20 mice per group

수준보다 극단적이지만, 그들은 대개 폐쇄군 계통보다 더 적은 수의 근교계 계통을 필요로 한다는 점을 강조할 것이다. 다양성의 이해와 통제의 중요성은 2장에서 자세히 다룰 것이다. 그리고 각 군에서 얼마나 많은 동물을 필요로 하느냐를 결정하는 분석방법은 하나의 예로 표 2.3의 데이터를 이용하여 5장에서 다룰 것이다.

Congenic, consomic과 재조합 근교계 계통들은 유전학 연구를 통해 크게 발달된 동질유전자형 계통의 특별한 유형이다. Congenic 계통 한 쌍은 공여계통에서 근교계 계통으로 정의된 유전자좌를 역교배시켜서 생산한다. 역교배가 약 12세대 정도 지난 후에, Congenic 계통은 유전적으로 근교계 계통과 매우 비슷하겠지만, 다른 유전자좌에서는 차이가 있다. 따라서 Congenic 계통과 근교계 계통사이의 어떤 차이는(어떤 조건과 더불어) 다른 유전자좌의 영향에 의한 것일 수 있다.

Congenic 계통은 이식면역학(transplantation immunology)에서 광범위하게 사용되고 있다(Snell & Stimpfling 1966). 그리고 양적형질 유전자좌위(quantitative trait loci(QTLs))에 대해서 연구하는 많은 실험실에서는 암과 같은 많은 형질을 통제하는 양적형질 유전자좌위를 분리하고, 연구하기 위해 현재 이러한 방법들을 사용하고 있다. 유전자 마커

(genetic marker)는 역교배 프로그램의 속도 증가를 위해 사용될 수 있다.

*Consomic 계통*의 세트는 마우스와 랫드에서 개발되었다. 이러한 계통은 공여 계통으로부터 유래된 전체 염색체에 대한 근교계 파트너 계통과는 다르다. 그들은 QTLs에 의해 통제되는 형질의 유전적 정밀분석에 사용될 수 있다(Nadeau *et al*. 2000).

'재조합 근교계 계통'(recombinant inbred strains)의 몇 가지 세트는 새로운 많은 수량(20-30)의 재조합 계통을 생산하기 위해 20 혹은 2 세대 이상 형제×자매 교배에 뒤이어 2개 표준 근교계 계통사이에 교배로 개발되었다. 이들은 양쪽 부모계통 사이에서 다른 유전자좌의 지도를 만들기 위해 사용할 수 있다(Taylor I996). 더 자세한 세부사항과 다른 유전형은 Silver에 의해 제공되었다(1995).

부분적으로 정의된 계통들

Partially defined strains

이런 계통들은 특정 유전자좌에서 유전형으로 알려졌지만, 유전적 배경이 완전히 정의되지 않아 일부만 유전적으로 정의된다. 유전자변형 계통들은 외래 DNA를 동물의 게놈으로 삽입함으로써 생산하였고(Maclean 1994), 이러한 마우스와 랫드는 동질유전자형 계통보다 활발하고 잘 교배되기 때문에 유도되거나 자연히 발생하는 돌연변이가 유전적으로 이질적인 유전적 배경에서 종종 발생한다.

불행하게도, 몇몇 세대가 지나는 동안, 이식유전자 혹은 돌연변이의 발현이 변형된 유전형 배경에서 심각한 유전적 이동이 있을 수 있기 때문에, 이것은 심각한 문제의 원인이 될 수 있다. 이식유전자가 이질적 배경에 있는 경우, 어떤 세부적인 연구를 하기 전에, 근교계 계통(Congenci 계통에 대해 위에서 언급한 것처럼)으로 일부 세대의 역교배를 수행하는 것이 바람직하다(Silva *et al*. 1997). 처음 몇 세대 이후 유전적 이동(genetic drift)이 발생하면 과학적 발견이 더 이상 반복되지 않는다는 것을 의미할 수 있다.

사료와 환경의 중요성

The importance of diet and environment

깔짚, 사료 그리고 물리적인 환경은 실험결과에 영향을 미칠 수 있다. 과거에 톱밥은 때때로 목재에 처리되는 살충제의 사용으로 인해 오염될 수 있었다. 반면, 최근에는 우수한 깔짚 공급업체가 살충제가 처리되지 않은 목재를 선택하여 자체적으로 생산한다. 사무실에서 사용하는 파쇄기로부터 나오는 종이는 동물의 반응에 영향을 미치는 잉크를 포함하고 있기 때문에 마우스와 랫드의 깔짚으로 사용할 수 없다. 연한 나무의 톱밥은 독성물질에 대한 마우스 반응을 변화시킬 수 있는 약물대사 효소를 유발하는 물질(substances)을 포함하고 있다. 따라서 일부 연구에서는 '연한 나무의 톱밥은 단단한 나무깔짚에서 사육되는 마우스와 비교하여 바비톨계 마취제(barbiturate anaesthetic)에서 마우스 수면시간을 반으로 줄이고(Vesell 1968), 다른 것에서 독성 화학물질에 대한 반응을 완전히 바꾼다(Malkinson 1979)'고 보고하였다.

동물들을 청소 해주는 빈도는 그들의 반응에 영향을 미칠 수 있다. 만일, 그들의 케이지를 너무 자주 교체한다면 마우스와 랫드들은 불쾌할 것이다. 하지만 케이지가 충분히 깨끗하지 않았다면 암모니아 수치는 동물이 호흡기 질병에 감염될 수치까지 도달할 수 있다(Hoglund & Renstrom 2000).

사료는 오염의 또 다른 원인이 될 가능성이 있다. 최근에 발생한 것처럼, 만약 벨기에에 있는 농장의 동물사료가 다이옥신에 오염되는 비율이 커지게 되면, 유사한 일은 실험동물의 사료에서도 발생할 수 있는 잠재성이 있다. 그러나 우수한 연구용 동물사료 제조업자는 원재료와 최종적으로 가공된 사료의 오염물질의 양을 측정할 것이다. 이러한 사료는 분명히 가격이 비싸다. 하지만 믿을 수 있고 지속적으로 균일한 사료는 동일한 동물을 이용한 실험을 가능하게 할 것이다. 이것은 추가비용을 투자할 충분한 가치가 있다.

사료는 특히 장기간의 연구에 사용되는 동물의 특성에 중요한 영향을 미칠 수 있다. 비록, 어떤 경우에 사료는 임신과 젖 분비를 유지하기 위해서 생산되고, 비번식종의(non-breeding) 설치류가 장기간 섭취하기에는 너무 영양분이 과다하지만, 최근의 설치류 사료는 영양분이 완벽하다. 하나의 결과는 이러한 동물들이 수명단축과 더불어 비만이 되고 암과 혈액순환장애 발생률이 높아짐을 보여주고 있다. 유감스럽게도 비만을 막는 사료를 만들어낸다는 것은 어렵다. 현재, 장기간의 연구에서 동물의 수명을 연장하는 수단으로 식이요법이 진행되고 있다(Masoro 1993).

또한, 물리적인 환경이 동물에게 영향을 미칠 수 있다. 홀로 길러진 마우스는 2-8마리의 무리에서 길러졌을 때보다 몸무게와 다른 특성에서 더 많은 변수를 나타낸다(Chvedoff *et al*. 1980). 이것은 그들보다 많은 동물이 각각의 실험에 필요하다는 것을 의미한다. 케이지 밀도는 마우스에서 질병의 형태와 발생에 영향을 줄 수 있다(Les 1972). 다른 한편으로 무리에서 사육된 수컷 마우스는 싸우기 시작하고, 일부의 경우에 서로 심각한 손상을 입힐 수도 있다. 성숙 수컷 마우스들은 손상을 입힐 확률이 높으므로, 실험 프로토콜(experimental protocol)에서 이들 집단을 조정해서는 안 된다. 환경적 엔리치먼트(environmental enrichment) 즉, 보다 복잡한 케이지 환경을 제공하는 것은 일반적으로 많은 실험실에서 연구되고 있다. 이러한 것들이 동물들에게 어떤 영향이 있는지를 말하는 것은 너무 이르지만, 일부 연구는 이것이 가변성을 증가시킬 수 있는 그룹화된 수컷 마우스들 사이에서 공격성을 증가시킴을 제시하고 있다. 공격성과 복잡한 환경에 대응하는 계통들의 차이는 상황을 더 복잡하게 만든다. 그러나 이러한 결과가 확인된다면, 한편으로는 환경적 엔리치먼트 간에, 다른 한편으로는 각 실험에서 많은 수의 동물 사용에 대한 윤리적인 선택의 어려움으로 작용할 것이다.

3

변이의 통제와 이해

Understanding and controlling variation

서론

Introduction

만약, 연구자들이 통제하고 정량화하기 위해 배열할 수 있는 실험의 생물학적 변동성(variability)에 대한 원인과 방법을 이해하고 있다면, 실험은 효과적이며 경제적으로 설계될 수 있다. 설명 가능한 두 가지 변동성의 형태가 존재한다: 통제되지 않은 개체 간 차이(inter-individual difference) 때문에 발생하는 임의변동성(random variability)(혹은 임의효과); 그리고 성별, 계통, 나이, 사료 그리고 깔짚과 같이 연구자들에 의해 광범위하게 통제될 수 있는 고정효과(fixed effects). 이것을 취급하는 방식은 이 장에서 기술하였다.

통계시험의 대부분은 기본적으로 데이터에서 변동성의 양(노이즈, Noise)에 대하여 상대적인 효과(생물학적 신호(signal))의 크기를 비교하는 것이다. 그림 3.1은 2개의 다른 시나리오에서 동일한 생물학적 효과에 관한 결론이 무엇인가를 제시하고 있다. 첫 번째에서, 배후(background) 변동성은 상대적으로 낮으며, 두 번째에서 배후 변동성은 상대적으로 높다.

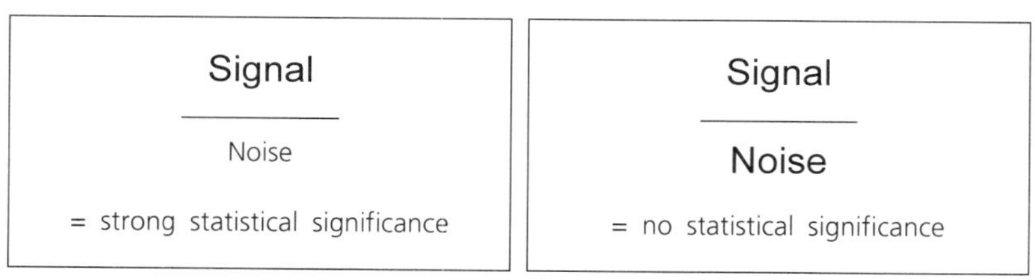

그림 3.1 만약 노이즈가 낮다면 신호를 검출할 수 있지만, 만약 노이즈(예, 개체 간 변이)가 크다면 동일한 신호는 검출할 수 없다.

동일한 방에 라디오를 크게 틀어놓고 스피커를 이용한 강연을 시도하는 것에 비유될 수 있다. 강연은 다음과 같은 경우를 포함한다:

- 스피커가 큰 소리를 내는 경우(*신호가 증가*)
- 라디오 소리를 낮추는 경우(*노이즈의 감소*)
- 퍼져나가는 메시지를 잡을 수 있는 다른 방법을 찾는 경우(*예를 들어 다른 신호를 찾는다*)

통계시험에서, 노이즈에 대한 신호의 비율에 따라 유의성이 결정된다. 따라서, 실험에서 만약 변이 혹은 노이즈가 크다면, 생물학적 효과인 신호는 노이즈 뒤에 숨겨질 것이다. 일반적으로 생물학적 데이터 내에는 많은 노이즈의 원인들이 존재한다. 많은 라디오를 보유한 방에서 동일한 강연을 한다고 상상해보라. 라디오 소리를 낮추는 일에서 첫 번째 단계는 가장 시끄러운 라디오를 확인하는 것이다. 이러한 방식으로 노이즈를 줄일 수 있다. 실험자는 동물들이 노이즈의 주요 원인이고 동물 수의 증가로 노이즈를 줄일 수 있다고 무의식적으로 생각하지는 말아야 한다. 다양한 부류의 측정오류들이 좀 더 중요하며, 이것들은 우수한 실험기술, 측정의 횟수 증가, 다른 통제되지 않는 변이를 제거하기 위한 블록화(blocking) 혹은 공분산(covariance)의 사용에 의해 통제될 수 있다.

변이의 형태와 출처: 고정 그리고 임의효과
Sources and types of variation: fixed and random effects

'변이의 원인은 무엇인가?' 훈련과정에 과학자들에게 그들의 실험에서 변이의 가능한 출처를 기록하도록 요청하여 그들을 범주별로 분류하여 표 3.1에서 보여주었다. 이러한 변이들은 실험 노이즈의 필수 원인은 아니다. 그들은 고정효과와 임의효과로써 2종류로 분류된다.

고정효과
Fixed effects

이러한 변이는 실험결과에 영향을 줄 수 있지만 이것들은 실험자의 통제하에 있으며, 실험설계를 고려할 때 그리고 결과를 해석할 때 실제적으로 중요하다. 처리는 가장 명백한 고정효과이지만, 표 3.1에 기록된 종, 계통, 성별, 나이, 혹은 동물의 무게범위, 케이지 형태, 깔짚 재료의 형태 그리고 많은 다른 요인들은 연구자들에 의해 지정될 수 있다. 엄밀하게, 수컷 랫드를 이용한 실험의 결론이 암컷 랫드보다 일반화 될 수 있는지, 혹은 랫드는 8주 혹은 10주령에서 실험을 시작해야 차이를 나타낼 수 있는지는 과학자들의 판단의 문제이다. 그러나 만약 성별이나 나이가 다른 2개의 집단에서 반응이 다르게 나타날 것으로 예상된다면, 두 가지의 실행가능한 과정이 존재할 수 있다. 첫째는 과학자들의 결과는 실험에 사용된 동물의 나이 혹은 성별에만 적용될 수 있다고 언급하는 것이다. 둘째는 흥미 있는 처리뿐만 아니라 나이 혹은 성별을 포함한 요인실험(factorial experiment)(4장 참조)이 이러한 경우에 적용될 수 있는지 없는지에 대해 탐구하기 위하여 사용될 수 있다.

모든 실험들은 다양한 범위의 고정효과들의 선택과정을 포함하고 있다. 연구자들은 결과의 해석에 영향을 줄 수 있는 사소한 효과와, 요인실험설계를 이용하여 조사될 필요가 있는 것을 결정해야 한다.

표 3.1 실험의 결과에 영향을 주는 일부 변이들

Environment	Temperature, humidity, season, barometric pressure, lunar cycle, noise, air movement, light, smells, room characteristics, cage size and design, bedding material, nest box design, nest materials, number of animals in group, water quality, diet type, diet availability, diet quality, frequency and duration of handling
Animals	Species, sex, strain, genotype, health status, batch, supplier, age, body weight, litter size, oestrus stage of females, level of inter-animal aggression
People	Researches, surgeons, animal technicians, observers, passers by
Experimental	Type/quality of surgery, route of injections, dose levels, sampling of tissues and/or fluids, time (day-to-day, hour-to-hour, etc). variation in test materials, preparation of test materials, shelf-life of solutions, calibration of instruments, measurement errors, recording errors

임의효과
Random effects

실험집단들 중에는 원하지 않는 변이 혹은 노이즈의 원인이 되는 변동성이 존재한다. 명시된 무게범위 내에 체중의 변이, 폐쇄군 동물 내에 유전자형(비록 실험은 Wistar 혹은 Long-Evans 랫드를 선택할 지라도, 동물은 고정효과이다), 발생과정의 사건들, 사회적 계급(hierarchy)과 집단 내 공격성(aggression), 병원체 내에 준임상적(subclinical) 변이, 비혼합된 사료, 부정확한 투여용량, 혈액 혹은 뇨의 오염, 부정확한 측정 혹은 검출한계를 만들 수 있는 측정들은 모두 변동성과 노이즈의 원인이 된다.

실험에서, 임의효과는 항상 통제되거나 피할 수 있지만, 고정효과와는 다른 방법으로 시행된다.

- 첫째는 본질적으로 낮은 노이즈 수준을 갖는 실험재료를 확보하기 위해 노력하는 것이다. 동질유전자형 동물(isogenic animals)(2장 참조), 병원균이 없고, 나이와 무게의 편차가 적은 것, 우수한 동물실에서 편안한 집단을 이루고 사육되며 잘 적응된 동물이 시발점이다.
- 변동성의 일부는 동물실 안에서 케이지의 위치 때문에 발생할 수 있는 것처럼, 시약의 유통기간 혹은 생물학적 리듬의 경과로 발생하는 변동성은 블록화 혹은 공분산에 의해 통제될 수 있다.
- 측정오류는 복합시료측정(multiple sample determination)을 이용하여 순차적으로 줄일 수 있다. 이것은 가능한 모든 단계에서 수행될 수 있다. 간으로부터 분리된 효소 혹은 mRNA에서, 간의 일부 시료가 채취되고 몇 가지 측정이 각 시료에서 수행될 수 있다. 정확히, 간의 시료양과 시료당 측정횟수의 선택이 정확성을 결정한다.
- 최종적으로, 허용되지 않는 수준의 변동성이 지속적으로 확인되고 통제될 수 없다면, 시료의 수는 충분히 통계적 유효성을 줄 수 있을 만큼 증가시킬 수 있다.

고정효과와 임의효과 사이의 구분은 항상 명확한 것은 아니다. 만약, 무게범위가 지정되어 있다면(100–120 g) 체중은 고정효과이지만, 이러한 범위 내에서, 체중은 노이즈의 원인이 될 수 있는 임의효과가 될 수 있다. 유사하게 만약 성별에 상관없는 동물이 사용된다면, 성별은 임의효과가 되지만, 일반적으로 동물의 성별은 고정효과로서 만들어지고 통제될 수 있다. 중요한 점은 변수가 통제되지 않는 노이즈의 원인인가 혹은 이것이 요인실험방법에서 요인으로서 연구되고 통제되고 지정될 수 있는가이다.

비록, 처리는 일반적으로 고정효과로서 고려되지만, 어떠한 경우에 실험은 임의효과의 크기를 결정하는데 사용될 수 있다. 예를 들어 사료에 의해 유지되는 마우스의 체중에 상업적인 마우스 사료에 의한 변이의 효과는 모든 이용 가능한 사료로부터 임의적 사료를 선택하고, 특별한 조건에서 마우스에게 그들을 급여함으로써 결정될 수 있다. 결과는 사료에 의해 변이가 유발될 수 있는 마우스 체중에서 변이의 비율(the proportion of variation)이라는 용어로 표현될 수 있다. 실험의 이러한 예와 통계분석의 연관성은 제4장에서 기술하고 있다.

변동성의 중요한 출처 확인

Identification of the important sources of variability

만약, 가장 중요한 임의효과와 고정효과를 추정할 수 있고 연관된 변이를 수량화할 수 있다면, 합리적인 연구는 그것의 영향을 최소화하거나 통제할 수 있어야 한다. 예를 들어, 만약 일정 기간 이상 동안 평균 결과에 많은 편차가 있거나 혹은 실험이 서로 다른 환경을 갖는 2개의 방으로 나누어진다면 난괴법(randomized block design)이 사용될 수 있다. 만약 유사한 실험들이 동시에 시행된다면 예비실험(Pilot experiments)이 유용하다. 예를 들어, 그림 3.2에서 보여주는 실험은 시료를 분석하는 분석자, 확보된 시료의 총 수, 동물 크기, 일상적인 변화의 중요성을 나타내는 설계방법이다. 동물 크기는 고정효과로 기록되지만, 만약 분석가능한 사람들 중에서 두 명의 분석자가 선별되었다고 추정한다면 다른 변수들은 임의효과이다. 결과자료는 이들 변수들의 각각의

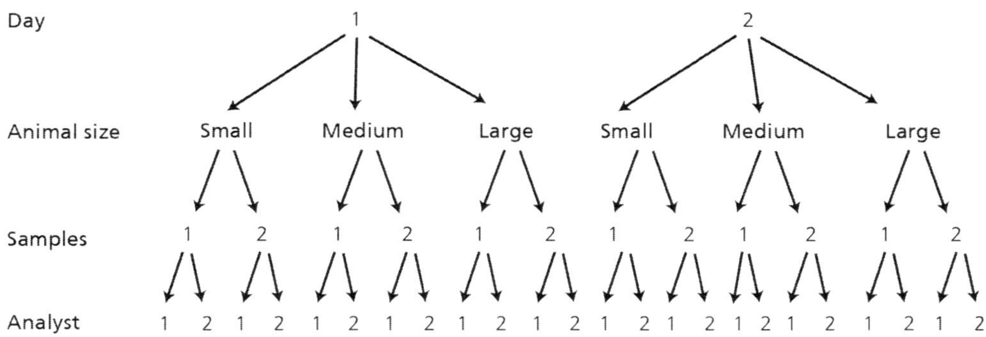

그림 3.2 날짜, 동물 크기, 시료 그리고 분석자들 간에 변이 양을 수치화하기 위해 설계된 지분(nested) 실험의 구조 해마부위의 현미경 상간에 그리고 동물 간에 변이의 정량화를 위한 설계는 4장에서 자세히 기술하였다.

상대적인 중요성을 보여주도록 분석될 수 있다. 그래서 만약 동물 크기와 연관된 큰 차이가 존재한다면, 체중은 난괴법에서 요인으로서 가능하고 엄격하게 통제될 필요가 있다. 만약, 반응이 동물의 크기 차이로 달라지는 것으로 추정된다면, 후자가 적절하다. 만약 매일매일의 변이가 상대적으로 크다면, 블록화를 이용하여 통제할 수 있다(4장 참조). 만약 시료 간에 큰 차이가 존재한다면 3반복(triplicate) 혹은 4반복(quadruplicate) 시료가 적합하다.

예시

Some examples

동맥경화증(Atherosclerosis)

동맥경화의 토끼모델을 이용한 약물처리의 효과에 대한 연구에서, 3개의 약물이 존재하며 각 약물은 4마리의 동물에 처리한다. 부검과정에서 대동맥(aorta)을 제거하고 5개 횡단면을 절단한다. 각 절단면에서 손상부위(lesion area)는 이미지 분석프로그램을 이용하여 분석한다. 비록 이 경우에 지분(nesting)의 3단계만 포함되지만, 레이아웃은 그림 3.2에서 보여주는 것과 유사하다. 변이의 계층적 분석(hierarchical analysis)(4장에서 논의)은 조직의 절편(section), 동물 그리고 약물처리 간에 변동성의 질적 분석을 위해 사용되며, 변이의 47%는 조직 절편 간의 변이이고, 35%는 약물의 효과(고정효과) 때문이며, 15%는 동물 간 변이 때문이다. 따라서 이러한 실험에서 정확성 혹은 유효성을 증대시키는 최선의 방법은 많은 동물을 사용하는 것보다 많은 조직 절편을 분석하는 것이 될 수 있으며, 특히 이것은 동물의 사용 측면에서 그리고 경제적으로 저렴한 방법이 될 수 있다.

뇌졸중(Stroke)

랫드에서 중앙경동맥(median carotid artery)의 폐색(occlusion)에 의해 유발되는 뇌졸중 모델을 이용하여 새로운 치료제의 효능에 대한 예비실험에서, 요인배치법은 집단 당 5마리의 랫드를 사용하여 2개 약물과 3개 혈관폐색기간(occlusion period)(30분, 45분, 60분)에 대한 효능을 연구하기 위해 사용된다. 혈관폐색기간과 약물은 고정효과이며, 그래서 요인배치법을 사용한다(4장 참조). 대부분의 반응들은 매우 가변적이다. 그러나 변동성은 60분 혈관폐색기간에 최소로 나타난다. 30분 혈관폐색기간에 일부 랫드는 뇌졸중이 발생하지 않으며, 그래서 그들은 약물에 반응하지 않는다. 따라서 향후 유효성 있는 실험을 설계하기 위해서는 동물의 수를 증가시키기 보다는 혈관폐색기간을 길게 하는 것이 유용하다. 요인배치법은 산물의 최대생산량을 얻기 위한 최적의 조건을 결정하기 위해 사용된다.

무작위배치

Randomization

"무작위배치는 대부분의 실험에서 가장 기본적인 특징 중의 하나이다. 무작위배치를 감소시키는 연구자들은 스스로 구멍에 빠질 것이며, 그는 그들을 도와줄 사다리를 제공할 통계학자를 기대할 수 없다."(Finney 1970).

실험설계의 목적은 명확한 처리(explicit treatment) 혹은 개입(intervention)을 제외한 실험단위로부터 편차의 모든 출처를 제거하기 위한 것이다. 비록 많은 편차들이 통제될 수 있지만 일부변이는 항상 존재한다. 비슷하지만 두 동물은 동일하지 않으며, 비록 그들이 동일하다고 할지라도, 동일한 작업자가 동시에 투여하는 것은 불가능하다. 그래서 작업자와 시간에 차이가 발생한다. 무작위배치는 존재하면서 피하기 어려운 편차가 모든 처리군에서 동일한 가능성으로 분포한다는 것을 확인하는데 필수적이다. 그래서 실험적 변이 혹은 오류의 실제 계산치를 제공하며 어떤 잠재적 편향을 최소화할 수 있다.

처리집단 중에서 하나를 대조집단으로서 고려하는 경우에, 대조집단(control group)은 실험으로부터 분리될 수 없다. 예를 들어 경험대조군(historical control)이 유효성을 갖기는 어렵다. 대조집단의 사용가치는 '대조처리'가 실험에서 하나의 처리로 실시되어질 것을 요구한다. 대조처리를 포함한 모든 처리의 정확성을 위해 '블라인딩(blinding, 실험자가 무작위배치를 하는 과정)'을 포함해야만 한다. 즉 실험자는 어떤 가능한 편견을 피하기 위해, 실제처리 받은 동물을 알지 못하도록 해야 한다.

기본적인 무작위배치 절차
Basic randomization procedures

컴퓨터의 사용(Use of computer)

이것은 객관법(objective method)을 사용하기 위해 중요하다. 일련의 통계프로그램(statistical packages)은 특화된 설계를 위해 실험단위를 분류하고 무작위적으로 처리하기 위해 사용될 수 있다. 예를 들어, MINITAB (Minitab Inc., 3081 Enterprise Drive, State College, PA, 16801-3008, USA)에서, 데이터 시트의 세로줄(column) 1안에 1-20번은 간단한 메뉴 명령으로 무작위 순서로 2개의 세로줄로 나눌 수 있다. 그래서 만약 20마리의 랫드가 4개의 처리집단으로 무작위적으로 나누어진다면, 랫드는 1-20번으로 번호가 부여될 것이며, 세로줄 2번의 처음 5행(row)에 보여지는 숫자를 갖는 동물들은 처리집단 하나로 분류하고 계속해서 이러한 방식으로 나눈다. 이러한 것이 실제로 수행되었을 때, 랫드 14, 15, 20, 9 그리고 8번은 처리집단 1로 분류되고, 랫드 3, 4, 18, 7, 그리고 19번은 처리집단 2로 분류되며, 계속해서 이러한 방식으로 나누어진다.

엑셀(EXCEL)과 같은 스프레드시트(spreadsheet, 숫자, 문자 데이터가 가로 세로로 펼쳐져 있는 표를 입력하고 이것을 조작하여 데이터 처리를 할 수 있게 되어 있는 컴퓨터 응용프로그램의 하나)는 무작위 동물추출을 위해서 사용될 수 있다. n이 원하는 가장 큰 수인 경우, 명령 = TRUNC(RAND()*n,0)이 하나의 셀(cell)에 놓인다면, 이것은 0과 n사이로 돌아갈 것이다. 이러한 셀은 숫자의 세로줄을 생성하기 위해 복사되고 붙여질 수 있다. 따라서, 만약 목적이 20마리의 랫드를 4개의 처리집단으로 무작위로 분류하는 것이라면, 랫드는 먼저 1-20번으로 번호가 부여되어야 한다. 약 50개의 무작위 세로줄인 경우, 0과 20사이가 만들어질 수 있으며, 처음 5개는 처리집단 1로 분류될 수 있다. 20개 이상은 반복을 위해 필요하다. 이러한 전체 절차는 동물실에서 동물에 숫자를 부여하고 분류하기 전에 컴퓨터로 수행될 수 있다.

물리적 무작위배치(Physical randomization)

물리적 무작위배치는 매우 어렵다. 실험단위(예, 동물들)는 숫자화 되어야 하며, 숫자들은 종이 쪽지에 기록되어 접혀진 후 용기 안에 넣어진다. 이것은 흔들어서 처음 5개 숫자는 처리집단 1로 분류하고, 다음 5개 숫자는 처리집단 2로 분류하는 방식으로 나눈다.

난수표(Tables of random numbers)

난수표는 통계프로그램에 대한 의존 없이 수행할 수 있는 다른 쉬운 방법이다. 이것은 대부분의 통계교재에 서술되어 있다. 10마리 마우스를 5마리의 2개 집단으로 분류한다고 가정하자. 마우스는 01, 02, … 10까지 숫자를 갖게 될 것이다. 이제 보지 않고, 무작위 숫자 하나를 찾기 위해 무작위 숫자들이 인쇄된 종이 위에 핀을 놓는다. 이러한 숫자들은 행을 결정하기 위해 사용되며, 다음 것은 오른쪽 세로줄을 결정하기 위해 사용된다. 행과 열에 의해 결정된 숫자를 읽는다. 예를 들어, 이것이 84가 될 수 있다. 그러나 사용된 숫자는 1과 10사이이다. 그래서 이러한 숫자들이 발견될 때 까지 숫자들은 줄의 아래쪽으로 읽어 내려간다. 필요에 따라서 다음 줄을 사용할 수도 있다. 숫자 5가 발견되었다고 가정한다면, 마우스 5번은 처리집단으로 분류한다. 5마리의 마우스가 A집단으로 분류되었다면, 나머지는 B집단으로 분류한다. 따라서 집단의 크기는 동일하게 된다.

3개의 처리집단을 사용하는 경우, 15마리의 마우스를 할당하며, 처음 집단은 5마리로 채우고, 다음 집단을 채운 후 나머지는 3번째 집단으로 분류한다.

난괴법의 무작위배치

Randomization of a randomized block design

케이지 혹은 실험단위의 다른 특성이 블록화 요인(blocking factor)으로 사용되는 경우가 많이 있다. 그러나 이것은 무작위배치의 필요성을 대신하지 못한다. 예를 들어, 18마리의 동물에 A약물, B약물, C약물의 세 가지를 처리하는 실험에서 9마리의 동물은 수컷이고 나머지는 암컷이다. 케이지 1번은 9마리 암컷을 포함할 것이며, A약물을 처리한 3마리, B약물을 처리한 3마리, 대조물질을 처리한 3마리를 포함한다. 그리고 케이지 2번은 9마리 수컷을 포함하며, 유사하게 3개 집단으로 분류된다.

처리는 코드 X, Y, Z로 무작위로 할당해야 한다. 예를 들어 대조집단은 Y 처리로 설계될 수 있다. 이들 세 가지 처리는 케이지 내에 동물들에게 무작위로 할당되어야 한다. 케이지 1에 암컷은 1에서 9까지 숫자가 주어질 것이다. 이들 숫자들은 위에서 설명한 것처럼 난수표 혹은 물리적 무작위배치를 사용하여 선별되어야 하며, 처음 3개 숫자들을 갖는 동물들은 X 처리를 하고, 다음 3개 숫자를 갖는 동물들은 Y 처리를 하며, 최종 숫자를 갖는 것들은 Z 처리를 한다. 이러한 설계에서 블록화 요인은 성별과 케이지이며(분리되어 고려될 수 없는), 블록 내 복제(withinblock replication)가 존재한다. 만약 실험자가 처리에 반응하는 방식에 성별차이가 존재하는지를 결정하기를 원한다면 이러한 설계들은 적절하지 않다.

무작위배치의 개선
'Improving' on the randomization

일부 사람들은 한 집단으로부터 다른 집단으로 동물을 이동시켜, 각 집단의 체중의 평균이 정확히 일치하도록 하여, 동물들을 처리집단으로 무작위 할당하는 과정에서 발생하는 문제점을 개선하고자 한다. 집단 간에 차이를 최소화시키는 이러한 방식의 문제점은 집단 내 변이를 증가시키는 것이다. 이것은 실험의 효력을 감소시킬 수 있다. 어떠한 경우에, 체중은 실험을 시작할 때 고려되어야하는 변수가 아닐 수 있으므로 이러한 방식은 권고되지 않는다.

"간단히 말해, 무작위배치는 실험자뿐만 아니라 그들보다 좀 더 회의적인 다른 사람에게 신뢰감을 제공할 수 있다. 방해(disturbance)의 일반적인 원인의 크기는 오류의 측정으로 평가될 수 있다. 이것은 관리와 예지력을 위해 필요로 하는 모든 것을 제거할 수 있는 만병통치약으로 제공될 수 없다; 이것은 다양한 처리에 선택적인 작용의 방해 형태를 설명할 수 없으며, 비록 그것이 무작위하게 수행될지라도 잘못 계획되거나 혹은 부주의하게 수행되는 실험은 부정확하게 될 것이다. 그러나 실험자들은 적어도 그것의 부정확성을 알아야만 한다"(Yates 1939).

4

실험설계

The design of experiments

서론

Introduction

실험(experiment)은 처리가 흥미로운 결과, 혹은 변수를 변화시키는 원인이 될 수 있는지, 없는지를 추정 가능하게 한다. 통계적인 방법은 결론을 도출하는 과정에서 오차의 확률을 계산하는데 사용된다. 제3장에서 언급한 바와 같이, 비록 처리의 효과가 아주 명확하게 나타나더라도, 결과에 일부 '노이즈(noise)', '오차(error)' 또는 잔차변이(residual variation)가 존재하게 된다.

실험은 통제할 수 없는 과정이나 상황에 관한 정보를 수집하는 조사와 혼동해서는 안 된다. 조사에서, 흥미로운 변수(예를 들어, 흡연수준)는 의도적으로 다양화될 수 없으며, 집단 내에서 이러한 효과(예를 들어, 건강)에 대한 방해/간섭(inferences)은 인과관계(causation)가 아닌 상관관계(correlation) 혹은 연관관계(association)를 기반으로 해야 한다. 즉, 엄밀히 말해, 조사는 흡연이 사람에게서 폐암을 야기시킨다는 것을 보여주는 것이 아니라, 폐암과 관련이 있음을 나타내는 것이다. 그러나 이러한 부분적 연관은 잘 정립되어있고, 흡연은 동물에서 암을 유발할 수 있는 물질을 포함한다는 좋은 증거가 존재하며, 대부분의 사람들은 오늘날 그것이 인과관계에 의해 증가될 수 있다는 확신을 갖고 있다.

제4장에서 실험설계의 목적은 상관관계가 합리적인 의문점을 극복하여 확립될 수 있는 방식으로 자료를 수집할 수 있도록 가이드라인을 제시하고, 잔차변이(residual variation)를 최소화하며, 대부분의 변이가 계획적으로 조절된 변수에 의해 설명되도록 하는 것이다. 또한, 설계는 결과의 해석이 과학을 기반으로 광범위한 결론을 내릴 수 있도록 성별 또

는 혈통의 효과적인 사용 등의 몇몇 추가적인 고려사항을 포함할 필요가 있다. 생의학적 연구에서 가장 널리 사용되는 실험설계의 요약은 표 4.1에 제시하였고, 세부적인 내용은 이 장의 후반부에 기술하였다.

표 4.1 제4장에서 기술한 일반적인 실험설계의 정리

Type of design	When to use	Advantage	Disadvantage	Notes
The completely randomized design (fixed effects; random effects)	Fixed effects: when uncontrollable sources of variation are unlikely to be important Random effects: when only interested in quantifying source of random variation (e.g. surveys) rather than compare treatments, Useful for within-subject studies	Simplest 'designs' Easy to use and analyse Less affected by unequal sample size	No control of additional 'nuisance' variation caused by uncontrolled time and space variation etc. which might affect results	Typical designs used when doing simple *t-tests*
Block designs (including Latin square)	When wanting to remove th effects of known or suspected 'nuisance' variation. The evidence shows that it is under-used in the biomedical literature, particularly in its simplest from (controlling at least *one* source of unwanted variation)	Deals with known or suspected 'nuisance' variation in a systematic and powerful way by breaking the experiment into a series of subunits which are analysed as a whole. Unequal sample sizes present some problems	Cab be sensitive to missing values Becomes increasingly complex when dealing with two (Latin square) or three sources (Graeco-Latin squares) of unwanted variation	These designs aim to improve the *precision* of the experiment. They can be used in conjunction with others (e.g. factorial designs) Analysis of covariance, another way of increasing precision is also discussed
Factorial designs	When wanting to increase the 'generality' of the results, by testing *simultaneously* the potential effect of several factors (e.g. treatment, sex, strain) and their interactions on the response dependent variable[s])	A much more powerful alternative to doing several smaller experiments for each factor. Allows testing for interactions between these factors	Interaction between more than two factors are often difficult to interpret	These designs aim to increase the *amount of information* yielded by of the experiment. They can be used in conjunction with other (e.g. blocking) designs
Repeated measure designs (crossover, split plot, mixed effects designs)	When using several measures on the same individual, either to study change over time or as a way of dealing with strong individual variation	A more powerful alternative to the dreaded repeated *t-test*! The individual can acts as its own control (crossover)	Crossover: not valid if there is a strong order effect. it may be dangerous to consider time as an independent variable in these experiments	High precision as a result of elimination inter individual variation

Type of design	When to use	Advantage	Disadvantage	Notes
Sequential designs	When results with individual animals can be obtained quickly, and where the aim is to minimise animal use	Results are analysed as the experiment unravels, enabling the experimenter to stop as soon as significance is obtained	Requires expert advice. Logistics may be a problem	Up-and-down method may be replacing the classical LD 50 test in the USA

설계와 분석의 원리: 고려사항들

Principles of design and analysis: some reminders

좋은 실험설계는 두 가지 원리에 의존한다:

반복(Replication): 어떤 것을 여러 번 반복하면 할수록 진실된 결과에 도달하는 신뢰도는 커진다. 예를 들어, 작업장에 도달하기 위해 두 가지 운전 경로 중에서 하나를 선택하는 경우, 각 경우에는 거리가 같으면, 사람들은 하나의 경로를 선택하기 전에 한번 이상 각 경로를 운전해보기를 원한다. 그러나 이러한 개념은 아주 커다란 실험을 수행하기 위한 증거로는 사용될 수 없다. 제3장에서 설명한 것처럼, 반복은 실험에서 가변성의 가장 큰 원인이 되는 변이의 근원을 극복하게 해준다. 시료 크기의 결정은 제5장에 더 자세히 기술되어있다. 또한 반복은 측정과 기록의 오류로 발생 할 수 있는 비정상적 관측 또는 이상치(outliers)를 검출 가능하게 만든다. 통계학적 분석은 데이터로부터 결론에 도달하기까지 발생하는 오차의 가능성을 평가할 수 있으며, 결과가 표본추출 변수에 기인할 때, 중요한 처리효과에 대한 이의제기를 예방하기 위한 부분으로 사용 될 수 있다.

임의화(Randomization): 제3장에서 제시된 것처럼, 실험대상(예, 동물)을 처리집단으로 임의로 배분(allocation)해야 하며, 배분의 다른 방법으로 인해 발생할 수 있는 편차를 피하기 위하여 실험대상을 시험하는 순서(order)도 임의로 정해야 한다.

분산분석

The analysis of variance (ANOVA)

데이터의 분석을 위해 사용되는 통계방법과 실험설계 사이에는 밀접한 관계가 있다. 분산분석은 이 장의 후반부에서 언급될 요인설계(factorial design), 반복측도(repeated measures), 난괴법(randomized block) 등과 같은 좀 더 복잡한 설계뿐만 아니라 두 집단 간에 평균을 비교하는데 (student *t-test*와 동일한 결과를 제공하는) 포함되는 것들과 같은 단순분석실험에 사용될 수 있는 양적 데이터의 분석에 다목적으로 사용될 수 있는 방법이다. 여기에 기술된 것은 많은 설계분석을 위해 사용되는 방법이기 때문에 동물실험을 수행하는 사람들이 효과적인 방법을 이해하는 것은 필수적이다.

종속변수(dependent variable)에서 전체변이(total variation)를 부분으로 나누는 ANOVA는 그림 4.1에 제시하였다. '변이(variation)'는 전체평균 혹은 집단으로부터 편차제곱의 합으로 정량화된다. 먼저, 모든 처리집단을 포괄하는 전체평균을 계산하고, 그 다음에 전체평균으로 부

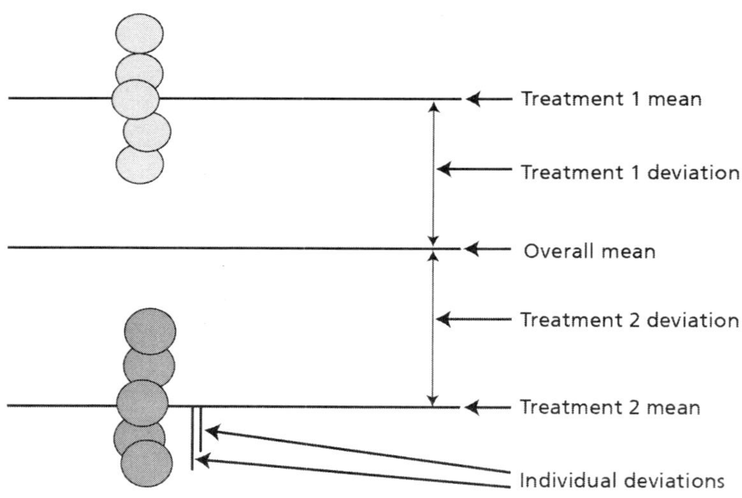

그림 4.1 분산분석에 사용되는 처리평균으로부터 개체 편차와 전체평균으로부터 처리 편차를 보여주는 다이어그램 처리 총합의 제곱은 전체평균으로부터 처리 편차의 제곱의 총합과 오차합계의 제곱은 처리평균으로부터 각 관찰도수의 편차 제곱의 총합이다.

터 각 처리집단의 편차는 이들 편차의 제곱을 더하여 계산한다(처리 '제곱합'(treatment 'sums of squares')). 마지막으로 처리평균으로부터 각 개체 값에서 남아있는 설명할 수 없는 편차(오차)는 제곱하고, 오차 합계의 제곱(SSE, Error sums of squares)로 제시하기 위해 더하여 계산한다.

ANOVA는 표 4.3(60페이지 참조)에서 보여주는 예시와 유사한 요약표를 도출한다. 열(column)의 위쪽에 '출처(sources)'는 처리(running이라고 표기), 오차 그리고 전체 변이(total variation)로 구성된 변이의 출처를 나타내지만, 블록(blocks), 행(row), 열(column)(라틴제곱설계에서 언급) 그리고 공변량(covariate)(공분산 분석에서)과 같은 변이의 다른 출처도 포함하고 있다. DF는 예를 들어 변이의 특정한 출처로부터 이용할 수 있는 정보비트(bits)의 총 수와 같이 변이의 각 출처에 대한 *자유도(degree of freedom)*를 나타낸다. 변이에 관한 정보 1비트를 얻기 위해(그들 사이에 차이로 계산 됨) 2개의 관측이 실시되며, (N)관측은 개체 중에서 변이에 관한 정보의 (N-1)비트를 생산할 수 있다. 따라서 만약 5개의 처리가 존재한다면, 처리에 대한 DF는 5 – 1 = 4이다. 오차 혹은 잔차변이(residual variation)는 뺄셈(subtraction)으로 계산되지만 컴퓨터 패키지에 의해 자동으로 계산된다.

행의 위쪽에 SS(sum of squares, 제곱합)는 예상평균으로부터 편차제곱의 합계를 나타낸다. 이들은 각 출처와 연관된 변이를 수량화한 것이다. 이들은 DF에 의해 그들을 나눔으로서 MS(mean squares, 평균제곱)로 전환된다.

행의 위쪽에 F는 처리 MS가 오차 MS(MSE, error MS)에 의해서 나누어지는 통계학적 '분산비율(variance ratio)'을 보여주고, ANOVA 방법을 개발한 RA Fisher의 강좌에서 'F'로 설계되었다. 마지막으로, *P*-값은 존재 하지만 변이(예, 일부 처리)의 실제출처를 모를 때, 계산된 것보다 더 큰 F 통계가 우연(chance)에 의해서 증가될 가능성(probability)을 나타낸다. 일반적 통계에서 이것은 *'이러한 연구에서 관찰된 이질적인 처리평균이 우연에 의해서 증가될 수 있다는 가능성'*으로써 기술된다

(예, 이것은 어떠한 진정한 처리효과가 없는 경우에 표집변이가 원인이라는 우연). 습관적으로, *P*-값 > 0.05는 유의성이 없는 것으로 고려되며, *P*-값 < 0.05는 유의성이 있는 것으로 고려되며, *P*-값 < 0.01은 높은 유의성(highly significant)이 있는 것으로 고려된다. 그러나 절사점(cut-off points)은 전체적으로 임의적이며, 지나치게 엄격하게 해석되어서는 안된다. *P*-값 0.06은 반드시 처리가 효과가 없다는 의미는 아니다. 실험이 너무 작거나 혹은 개체간의 변이가 너무 크다면 효과를 검증할 수도 있다.

분산분석의 가정

Assumptions of the analysis of variance

ANOVA의 타당성(validity)은 통계적 분석의 부분으로 중요하게 검사되는 세 가지 가정에 의존한다:

(1) 잔차는(예, 집단의 평균으로부터 각각 관찰된 편차, 그림 4.1 참조) 정상적으로 분포되어야 한다. 정상적으로 분포된 잔차는 데이터는 아니다.

(2) 각 집단 내에 분산은 대략적으로 동일하다.

(3) 관측(observation)은 서로 독립적이다.

대부분의 우수한 통계학적 패키지는 이러한 가정 중에서 처음 2개가 타당성이 있는지를 그래프로 보여주기 위한 목적으로 '잔차진단 그림(residual diagnostic plot)'을 제안한다. '세 번째 가정의 타당성은 어떻게 실험이 수행되었는가?', '적절히 비임의화 되었는가?', '적절한 실험단위가 선정되었는가?'에 의존한다. 가정을 평가하기 위해 잔차 그림을 사용하는 것은 이 장(章)의 후반부에 논의되었다.

ANOVA 후의 처리집단 비교

Comparisons of treatment groups following the ANOVA

여러 개의 처리가 동시에 비교될 때, ANOVA는 처리가 차이가 있다는 명백한 증거가 있는지 없는지를 나타낸다. 그러나, 처리집단이 3개 혹은 그 이상이라면, 과학자들은 연구의 정확한 특성에 따라 일반적으로 대조집단과 처리집단 간의 차이 혹은 서로의 차이를 알아보고자 하거나 혹은 농도에 따른 반응의 경향이 있는지를 알아보고자 한다.

이러한 비교를 위한 두 가지 중요한 방법이 있다. 가장 효과적인 것은 비교의 장점을 정확히 설명하고, 직교비교(orthogonal comparison)라 불리는 적절한 세트를 사용하는 것이다. 이것은 예를 들어, 처리평균의 비교영역을 연구하기 위해 사용 될 수 있는 유연한 방법(flexible methods)이다. 또한 이 방법은 물질의 농도에 따른 반응이 직선형인지 혹은 곡선인지를 결정한다. 이 방법들은 비록 계산이 어렵지 않아 손으로 계산할 수 있지만, 불행히도 좀 더 발전된 통계 패키지에 의해서만 지원되며, 이들이 어떻게 수행되는가를 책으로 이해하기는 쉽지 않다. 좀 더 세부적인 내용은 Altman(1991)과 Snedecor & Cochran(1980)에 의해 제안되었다.

다른 가능성은 처리의 다중비교(multiple comparison)인 post-hoc(사후검정)을 수행하는 것이다. 이들 모두는 "통계적인 시험이 데이터의 동일한 세트에 대해 시행되면 될수록 이들 시험 중에서 적어도 하나의 위험(risk)은 우연에 의해서 유의성(오류-양성 결과, false-positive result)을 갖게 될 가능성이 커진다."는 전제 하에서 작업된다. 다중비교시험은 전체로서 실험을 수행하는 유의성(오류-양성 결과, false-positive result)의 위험을 조절할 수 있다. 비교가 진행될수록, 통계적으로 오류-음성결과(false-negative result)와 실제처리 차이를 찾기 위한 시험의 민감도를 감소시킬 수 있는 불이익은 더 커진다. 몇 가지 다중비교시험이 알려져 있다. 이것은 대부분의 통계서적에 기술되어 있다(Altman 1991, Dixon & Massey 1983, Maxwell & Delaney 1989, Petrie & Watson 1999, Snedecor & Cochran 1980). 다음의 시험들이 일반적으로 사용된다:

(1) Fisher's Least Significant Difference(LDS), Scheffe's test, Duncan's multiple range test, Neuman-Keuls' test, Tukey's test를 포함하는 다중 처리비교 방법

(2) Dunnett 시험은 대조군과 여러 농도 집단들의 비교에 적합하다.

(3) Bonferroni 방법은 만약 이 값이 α/k보다 작지만 α가 유의성 수준에서 선택되고(0.05), k가 쌍별처리비교(pair-wise treatment comparisons)의 총 수라면, 각 처리 비교에 대한 *P*-값의 유의성이 불분명한 처리의 작은 하위 세트를 비교하기 위해 사용될 수 있다. 이러한 방법은 k가 너무 커지면, 지나치게 많은 오류-음성결과(false-negative results)를 도출할 수 있다.

이러한 방법은 만약에 ANOVA에서 전체적으로 처리 차이가 유의성이 있다면, 유일하게 사용될 수 있다. 일반적으로, 실험은 상대적으로 단순 가설을 시험하기위해 설계되며, *post-hoc* 비교의 큰 수들은 피해야만 한다.

설계의 선택에서 고려사항

Considerations in the choice of design

앞에서 언급한 것처럼, 표 4.1은 생물학에서 사용되는 가장 일반적인 실험설계의 일부를 요약하였다. 모든 연구자들은 동물실험을 시행하기 전에, 이러한 것들을 확인해야 한다.

아주 단순한 실험설계(완전 임의화, 단일요인설계(single-factor design))를 시작할 때, 좀 더 복잡한 설계로 발전할 수 있는 두 가지 중요한 방법이 있다.

(1) **정확성 증진을 위한 설계(Designs for improving precision)**: 실험의 정확성은 편차의 정확한 통제 그리고/혹은 실험재료에 대한 일부 자연구조를 기술함으로서 증가된다. 난괴법(Randomized block) 및 라틴방격설계(Latin square design)는 실험단위 하위세트를 선별하고, 임의로 처리군으로 분류함으로서 통일성 있는 실험단위의 이질성(heterogeneity)의 원인을 부분적으로 제거한다. 크로스오버(Crossover)설계는 동일한 대상에 대한 연속실험을 포함하며, 개체 간 변이의 일부를 제거 할 수 있다.

(2) **각 실험으로부터 정보량을 증가시키기 위한 설계(Designs for increasing the amount of information from each experiment)**: 일부처리들, 양쪽 성별 혹은 여러 번의 처리, 종료시간 등과 같은 2개 혹은 그 이상의 독립변수를 포함하는 요인설계(factorial design)는 실험 크기의 증가 없이 많은 정보를 생산할 수 있다. 이러한 설계의 목적은 각 요인의 독립적 효과와 그들의 공동 효과를 찾아내는 것이다. 예를 들어, 이러한 설계의 최신 버전이 많은 요인의 최적 조합을 찾기 위해 사용 될 수 있다. 투입자원(동물, 시약, 시간 등)이 주어진 경우, 요인설계는 일반적으로 거의 추가 비용 없이, 단일요인 설계보다 더 많은 정보를 제공할 것이다. 만약 어떤 실험이 24마리의 수컷 쥐를 필요로 한다고 말한다면 암컷과 수컷을 포함한 실험은 모두 48마리를 필요로 할 것이라고 과학자들이 잘못 이해하는 경우가 많다. 그러나 이것은 사실이 아니다. 대부분의 경우에, 24마리의 마우스를 포함한 실험은 일부 정확성을 상실하지만 12마리 수컷과 12마리 암컷을 이용하여 수행 될 수 있으며, 많은 양의 과학적 정보를 생산할 수 있다.

고정 그리고 임의효과모델

Fixed and random effects models

일반적으로 실험자들은 시험하기 위해 처리의 종류를 선택하고, 이러한 처리의 평균 간 차이에 흥미가 있다. 실험은 동일한 고정(fixed) 세트의 처리로써 동일조건에서 순차적으로 반복되어진다. 처리는 약물, 동물계통, 식이방법 등이 될 수 있으며, 대조군(control)은 비록 아무런 처리를 하지 않더라도 처리의 하나로 간주된다. 이러한 처리는 실험자에 의해 고정되며, ANOVA 모델 결과는 고정효과모델(fixed effects' model)로써 알려져 있다.

다른 경우(alternative situation)는 '처리들'이 '처리' 가능한 집단으로부터 얻어진 임의시료로써 고려될 수 있을 때이다(종종 그들은 대부분의 실험자들이 처리로 고려하는 것이 아니기 때문에 처리는 '물음표(?)'로 주어진다). 예를 들어, 일정기간의 실험날짜, 한 회분(batches)의 동물, 한 회분의 사료를 초과하거나 체중의 범위를 초과하는 시험의 경우, 실험날짜, 한 회분, 체중은 '처리'로 간주된다. 특정 임의시료에 대한 처리효과에 흥미가 적은 경우, 배치한 회분 중에서 내제된 변동성 수준에 관한 어떤 것을 배우는 것에 흥미가 있을 수 있다. 예를 들어, 만약 시험일수 혹은 시간 때문에 변동의 양이 커진다면, 이것은 앞으로 이러한 형태의 연구를 반복하는 과정에서 부딪치게 되는 많은 문제로 설명 할 수 있다. 이러한 원치 않은 변동성은 얼마나 많은 노력들이 이것을 통제하기 위해 요구되는지를 결정하기 위해 계산 될 수 있다. 이러한 모델은 '임의효과모델(random effects model)'로 알려져 있다.

세 번째 형태는 고정효과와 임의효과를 조합한 '혼합모델(mixed model)'이다. 엄격히 말하면 난괴법(randomized block) 실험설계 처리는 고정효과이고, 블록들은 임의효과와 혼합 모델이다. 그러나 일반적으로 블록효과의 크기를 계산하는 것은 흥미가 적지만, 실험목적의 일부는 임의효과와 연관된 변이의 양을 계산하는 것이다.

예시(An example)

아마도 실험자들이 개방된 설계 옵션을 기술하는 가장 좋은 방법은 대부분의 연구 프로젝트를 질문으로 시작하는 것이다. '조깅(jogging)이 기억력을 향상 시킬 것인가?'라는 질문에 대한 연구의 목적이, 달리기가 학습과 기억력에 효과가 있다는 가설을 확인하기 위한 것이라고 가정해보자. 뉴런의 총 수는 태어난 이후로 계속 감소한다는 이전의 결과와 반대로 현재에는 새로운 뉴런이 어른이 되어서도 계속 증가할 수 있다고 알려져 있다. 일부 조류 종에서 노래와 관련된 뇌의 영역은 번식기에 확장되며, 그 시기가 지나면 수축된다(Tramontin & Brenowitz 2000). 마우스가 엔리치먼트 환경(enriched environment)에 노출되면, 뇌의 일부 영역에서 새로운 뉴런의 생성(Neurogenesis)이 증가되고, 그에 따라 정상적인 신체적 활동을 하게 된다(Kempermann *et al.* 1997).

신체 활동(예, 바퀴운동)이 학습능력과 기억력을 높일 수 있는지 시험하기 위해 계획한다고 가정해보자(Van Praag *et al*. 1999 참조). '어떻게 설계할 것인가?'. 많은 방법에서, 이것은 질문에 의존한다. 예를 들어, 무엇을 측정해야 하는지, 얼마나 많은 추가적인('nuisance': 골칫거리)변수들이 처리효과를 감출 가능성이 있는 성별, 유전자형 또는 체중에 의해 유발될 수 있는지 그리고 사용되는 독립변수 사이에 상호작용이 있는지 등이다. 실험설계에서 중요한 것은 '실험자들은 시험될 가설을 명확히 해야 한다'는 것이다.

완전임의화설계

The completely randomized design

이러한 설계와 더불어, 실험단위들은 완전히 임의적인 처리군으로 배분되고, 처리집단에 동일한 수가 되도록 대상을 제한해야 한다. 처리집단 혹은 처리수준의 수 그리고 각 처리 당 반복의 수가 하나의 요인(처리)이 되어야 한다. 이러한 설계는 사용하기 쉬운 장점이 있고, 그들은 각 처리집단에서 불균등한 수에 의한 상대적 영향이 없으며 분석하기 쉽다. 하지만, 그들은 실험단위들에서 어떤 내재적 변동성(eg. 무게, 유전자형 등)을 특별히 통제하지 못하고 실험재료가 이질적이라면, 비효율적이 될 것이다. 그럼에도 불구하고, 그들은 기본적인 원리와 가정을 소개하기에 유용하다.

운동(설명변수(explanatory variable), 독립변수 혹은 처리군으로 묘사된)이 학습(반응 혹은 의존적 변수)에 영향을 미치는지 알아보기 위한 연구에서, 쳇바퀴에서 운동활동의 세 단계는 다음과 같이 선택 될 수 있다.

(1) 비운동(회전하지 않는 쳇바퀴가 약 30분 간 우리 안에 놓여있다.)
(2) 중간 정도의 운동(마우스는 하루에 30분 동안 쳇바퀴에 접근이 허락된다.)
(3) 마라톤 운동(하루에 3시간 동안 쳇바퀴에 접근)

이러한 처리들은 미로에서 쥐들이 학습능력을 실험하기 전에 적어도 3주 동안 실시된다. 학습능력의 단계는 반응으로 간주된다(혹은 Y변수). 실제로 학습능력을 측정하는 방법은 많이 있다. 단순화의 경우에, 반응은 그것을 결정하기 위해 사용되는 특별한 측정의 세분화 없이도 '학습능력'으로 설계된다. 수치가 낮을수록 좋은 학습능력을 나타낸다.

형식적으로, 흥미로운 가설은 다음과 같다.:

H_0(귀무가설(null hypothesis)): 모든 평균이 동일하다(즉, 학습능력에 운동능력의 효과는 없다.)

H_1(대립가설(alternative hypothesis)): 적어도 하나의 평균은 다른 평균들과 다르다(즉, 운동능력은 약간 효과가 있다.)

데이터는 각 운동처리에 대해 9번의 관찰을 비교하고, 표 4.2에 나타내었다. 변이의 두 종류에 주목하라: 운동체제 내 그리고 운동체제 간에 전자는 전체평균으로부터 처리군의 평균편차를 나타내며; 후자는 상응하는 처리평균('noise')으로부터 개별 관측의 편차를 나타낸다. 만약 귀무가설(null hypothesis)이 사실이면, 분산 내부에 대한 분산 간의 비율은 작아지고; 이러한 비율은 ANOVA표에서 F값이다.

표 4.2 세 가지 쳇바퀴 운동 처리로부터 개별학습능력과 평균학습능력

	Observations									Mean
No running	238	250	246	258	251	259	252	230	231	246.11
Moderate running	216	241	227	228	238	229	242	212	221	228.22
Marathon running	233	212	219	229	218	205	218	232	230	221.78

자료검색

Data screening

공식적인 통계적 분석 이전에, 데이터가 정상으로부터 벗어나고 명백한 오류가 있는지 검색할 것을 권고한다. 예를 들어, 잔차(residuals) 그림을 도출하기 위한(그러나 이 단계에서 ANOVA의 결과에서 찾는 것 없이) 예비 ANOVA는 종종 정상으로부터 심각한 편차 혹은 특이점(outlier)을 나타낸다. 만약 상호 연관된 두 종속변수가 있다면, 그들은 서로에 대하여 도출될 수 있다. 이것은 종종 특이점들을 검출한다. 이러한 관측들은 처리군 코드들에 대하여 도출될 수 있다. 이 단계는 비정상적인 데이터 지점 혹은 경향을 실제처리효과를 방해하고 변동성을 부풀리는 데이터에서 확인한다. 특이점은 그들이 사본오류(transcription error)로써 증가되는 경우에, 연구는 수행되지만 버려지지는 않아야만 한다. 그것은 다음과 같이 가능하다:

(1) 만약 데이터가 왜곡되었거나 변동성이 평균응답의 규모에 의해 변화된다면 적절한 데이터 변환을 선택한다;
(2) 반복 측정된 데이터들에 대한 적절한 요약축도 선택한다;
(3) 가능한 공변량(covariate)을 확인한다(후반부에서 설명);
(4) 좀 더 의미 있는 방식으로 통계분석 결과를 해석한다;
(5) ANOVA가 데이터의 세트에 적절하지 않다고 결정되면, 대립 비모수적 검정(alternative non-parametric test)을 선택할 수 있다;

이것들은 여기서 논하지 않지만 대부분의 통계학 저서나 전문적인 논문에서 다루어진다(Maxwell & Dalaney 1989, Petrie & Watson 1999, Sprent 1993).

분석
Analysis

하나의 요소(운동)만 포함되었기 때문에, 이러한 데이터들은 일원분산분석(one-way ANOVA)들로 분석된다. 이것은 통계적 소프트웨어를 사용해서 쉽게 수행된다. ANOVA표는 표 4.3에서 보여주고 있다. 명백히, 기억에 대한 운동효과는 유의성이 있다($F_{2,24} = 13.13$; P-값 < 0.001).

표 4.3 쳇바퀴 운동실험과 학습능력의 분산비교 *P*-값이 0.000도 0을 의미하는 것이 아니고, 0.0005 이하를 나타낸다.

Source	DF	SS	MS	F	*P*
Running	2	2861	1430.5	13.13	0.000
Error	24	2614	108.9		
Total	26	5475			

계획된 비교

Planned comparisons

통계적 패키지 SPSS를 사용하여 처리들 간에 차이를 관찰하기 위해서, 2개의 직교대조(orthogonal contrasts)는 대조집단과 운동집단 사이의 차이(중간단계와 마라톤 평균), 그리고 중간 정도 운동과 마라톤 운동 간의 차이로 구성될 수 있다(표 4.4). 또한 그 계산은 표 4.4에서 손으로 계산되었다. 처리 운동에 의해 발생되는 변이들은 이전에 발견된 것과 동일하다. 2개 대조들 중에서 DF와 SS는 운동에 의한 원인의 하나로 전체에 추가된다.

표 4.4 2개의 직교처리 대조에 의한 분산분석 이것은 Snedecor & Cachran(1986)에 의해 제시된 공식을 이용하여 손으로 계산되었다.

Source	DF	SS	MS	F	*P*
Running	2	2861	1431	13.13	0.000
C vs. (M + M) (1)	1	2674	2674	24.55	0.000
(M vs. M) (2)	1	187	187	1.72	>0.05
Error	24	2614	109		
Total	26	5475			

(1) Comparison of the mean of the controls versus the means of the two running group (Moderate and Marathon)

(2) Comparison of Moderate versus Marathon running

Note: The calculation of the sums of squares for orthogonal contrasts does not involve any tedious calculations, though understanding how it is done may be a problem. For this example, the calculations are set out below: Briefly, a 'contrast' (C) is a difference between means or groups of means. Thus, the mean of the moderate group (M1) is 228.22 and of the marathon group (M2) it is 221.78, so $1 \times 228.22 - 1 \times 221.78 = 6.44$ is a treatment contrast (C1). Note that the coefficients (1 and −1 in this case) involved in a contrast must equal 0. Similarly $2 \times$ (control mean) $- (1 \times M1 + 1 \times M2)$ is another contrast, C2. Note that $2 - (1 + 1) = 0$. Two contrasts are said to be orthogonal if the product of their coefficients equals zero. In this case cross-multiplying the coefficients of C1 and C2 gives $(2 \times 0) + (1 \times -1) + (-1 \times -1) = 0$. So C1 and C2 are orthogonal contrasts. Now $SSC = NC^2$/(sum of coefficients squared), where SSC is sum of squares for a contrast, N is the number making up each mean and C is the contrast. Thus $SSC1 = 9 \times 6.44^2/2 = 186.63$ is the sum of squares for C1 and $SSC2 = 9 \times (2 \times 246.11 - 228.22 - 221.78)2/6 = 2673.79$. Note that the divisor six in this case is made up of $2^2 + 1^2 + 1^2$, the sums of squares of the coefficients

다중비교

Multiple comparisons

표 4.5는 Bonferroni 방법을 사용하여 SPSS로부터 나온 결과의 예를 보여준다. MINITAB에서 터키 테스트(Turkey's test)로 분석을 수행했을 때, 신뢰구간(Confidence interval)은 약간 차이가 있지만(매우 조금) 결론은 본질적으로 같다. 그래프는 마라톤 운동을 한 것이 운동하지 않은 것보다 낮은 학습 횟수를 보여주며 차이에 유의성이 있다(P-값 < 0.05). 그러나 중간정도 운동과 마라톤 운동 사이에 평균값의 차이는 유의성이 없다(P-값 > 0.05). 매우 큰 샘플은 운동하지 않는 것과 중간 정도 운동 사이에 차이가 유의성이 있도록 도출하기 위해 필요하다.

표 4.5 **쳇바퀴 운동/학습능력시험 Bonferroni 수정법(correction method)(SPSS)을 이용한 결과** 결과는 Bonferroni 방법에 의해 특별한 선형조합(linear combinations)(즉, 평균사이의 차이)에 대해 95% 신뢰구간을 나타낸다. 만약 평균 간의 차이에 대한 Lower Bound와 Upper Bound가 0을 배제한다면 평균은 유의적으로 다르다. 임계점(critical point): 2.5736, 응답변수(response variable): 학습, 0을 배제한 구간은 ****로 표시하였다.

	Estimate	Std. error	Lower Bound	Upper Bound
No running-Moderate running	17.90	4.92	5.23	30.6****
No running-Marathon running	24.30	4.92	11.70	37.0****
Moderate running-Marathon running	6.44	4.92	-6.22	19.1

시험 가정

Testing assumptions

이미 언급했듯이, 이러한 분석은 세 가지 추정을 필요로 한다: 분산의 동질성(homogeneity of variances), 잔차의 정상상태, 오차의 독립성(independence).

분산의 동질성(Homogeneity of variance)

변이는 모든 집단에서 거의 동일해야 한다. 잔차(residuals)와 적합값(fits)의 플롯은 이러한 가정을 확인하기 위해 사용될 수 있다. 모든 통계패키지들은 이러한 플롯(plots)을 제공한다. 그림 4.2는 운동실험에 대한

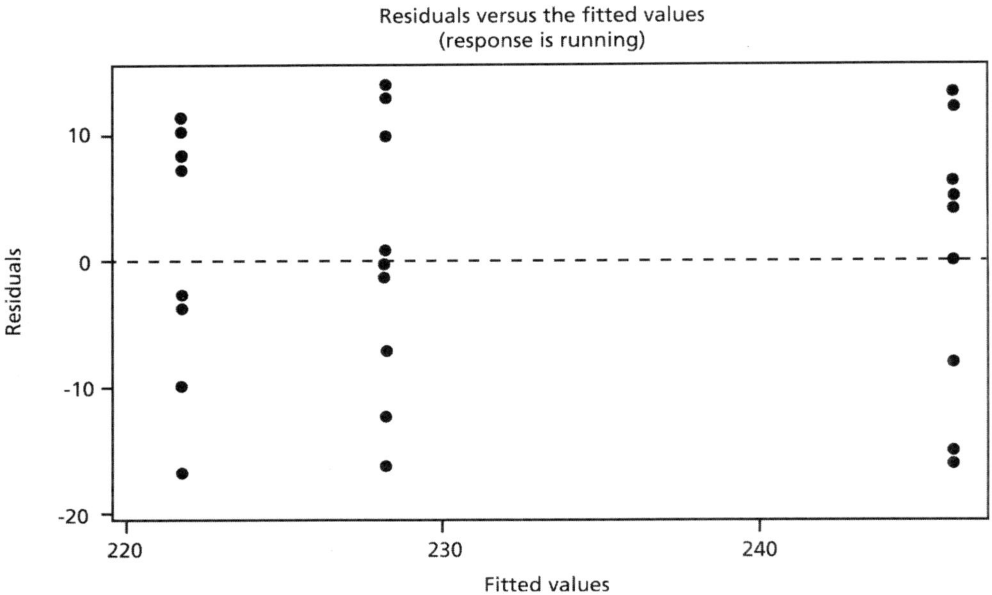

그림 4.2 변이가 각 집단에서 유사한지를 평가하기 위한 잔차(residuals)(집단평균으로부터 편차) 대 적합값(fitted value)의 플롯 변이(variation)는 모든 3개 집단에서 매우 유사한 것으로 나타난다.

이러한 형태의 플롯을 보여준다. 관측의 분포는 3개 집단 각각에 대하여 동일하게 나타나며, 따라서 이러한 가정은 타당하게 나타난다. 대부분의 경우에서 이러한 가정이 충분히 우수하다 할지라도, 만약 의심된다면, Barlett's 혹은 Levine's 시험이 이러한 가정을 공식적으로 시험하기 위해 사용 될 수 있다. ANOVA는 충분히 견고해서, 가정으로부터 일부 이탈은 상대적으로 영향이 적다.

정규성(Normality)

대부분의 컴퓨터 패키지들은 ANOVA 과정의 한 부분으로써 잔차의 정상 플롯을 제공한다. 만약 잔차가 정상적으로 분포되었다면, 플롯은 직선으로 나타날 것이다. 그림 4.3은 운동실험에 대한 플롯이다. 극히 작거나 큰 수치들의 삭제 때문에 약간의 곡선이 존재하지만 이것은 크게 중요하지 않다. 비록 이것은 거의 필요하지 않지만, 정상으로부터 이탈에 대한 공식적 시험은 많은 컴퓨터 패키지를 사용할 수 있다. 이 경우에서, MINITAB은 정상성의 공식시험을 제공하며, 그리고 정상상태로부터 편차는 통계학적으로 유효하지 않다($P = 0.178$).

오차의 독립성(Independence of errors)

오차의 독립성을 위한 공식적인 시험은 없다. 이것은 실험의 설계와 관측치들의 수집방법에 의존한다. 마우스들이 처리군에 임의로 배분되었다고 가정하면 케이지는 선반에 임의로 놓이고 학습능력시험이 수행될 때 그들은 임의 순서에서 블라인드(blind)로 수행되며, 그래서 오차들은 독립적이다. 그래서 개별 마우스의 반응은 다른 마우스의 반응과 독립적이다.

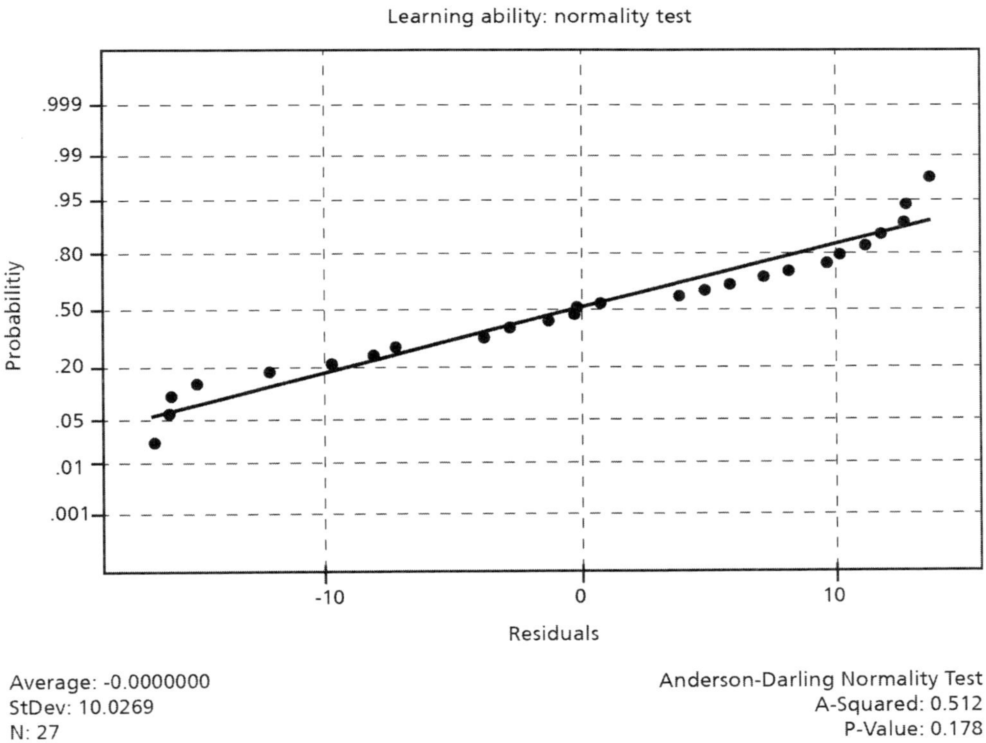

그림 4.3 운동실험으로부터 잔차(residuals)의 정상가능성 플롯 만약 잔차가 정상분포한다면, 이것은 명확히 직선이 될 것이다. 이것은 정상상태에 대한 MINITAB 시험으로부터 도출된 플롯이다. 이 경우에, 극단적인 끝에서 선형이 되지 않는다는 증거도 있지만, 정상으로부터 벗어나지 않았다는 귀무가설(null hypothesis)은 5% 유의수준($P = 0.178$)에서 기각 될 수 없다.

지분설계를 통한 변동성 탐구
Exploring variability through nested designs

때때로, 실험의 목적이 평균의 비교보다는 임의변이(random variation)의 출처를 정량화하는 것이 되기도 한다. 예를 들어, 이전의 실험은 해마에 있는 뉴런의 밀도는 쳇바퀴 운동에 의해 영향을 받을 수 있다고 제시하였다. 마우스들 간 그리고 현미경 영역(fields) 간에 이 부위에서 뉴런의 밀도에 얼마나 많은 변이가 있는지 알기 위한 예비연구는 얼마나 많은 마우스들 그리고 얼마나 많은 영역이 연구를 위해 필요한지 알아내기 위해 계획될 것이다. 이것은 다섯 마리의 마우스 그리고, 각 마우스에 대해 임의로 선정된 해마의 현미경 4개 영역을 포함한다. 총 뉴런 수를 각 영역에서 조사한다. 20개의 관측치들(5마리의 마우스 X × 4개의 샘플, 표 4.6과 그림 4.4 참고)은 마우스 내에 변동성과 마우스 간에 변동성에 대한 정보를 제공한다.

표 4.6 분산모델분석의 성분에 대한 데이터

Mouse	Density of Neurones in each of the four microscope fields			
1	187	162	162	178
2	165	149	156	150
3	154	140	151	142
4	159	162	171	140
5	170	164	156	151

분석
Analysis

이러한 모델에 대한 ANOVA는 고정효과모델의 ANOVA와 수치적으로 매우 유사하긴 하지만, 하나의 차이는 변이의 마우스 내 출처와 마우스들 간 출처와 연관된 '분산성분(variance components)'의 계산이다. One-way ANOVA표(표 4.7)는 각 집단에서 동물의 총 수 그리고 마우스와 오차에 대한 평균제곱으로부터 분산성분을 계산하기 위해 사용된다. 더 자세한 사항은 다른 책들에 기술되어 있다(e.g. Dixon &. Massey 1983, Snedecor & Cochran 1980).

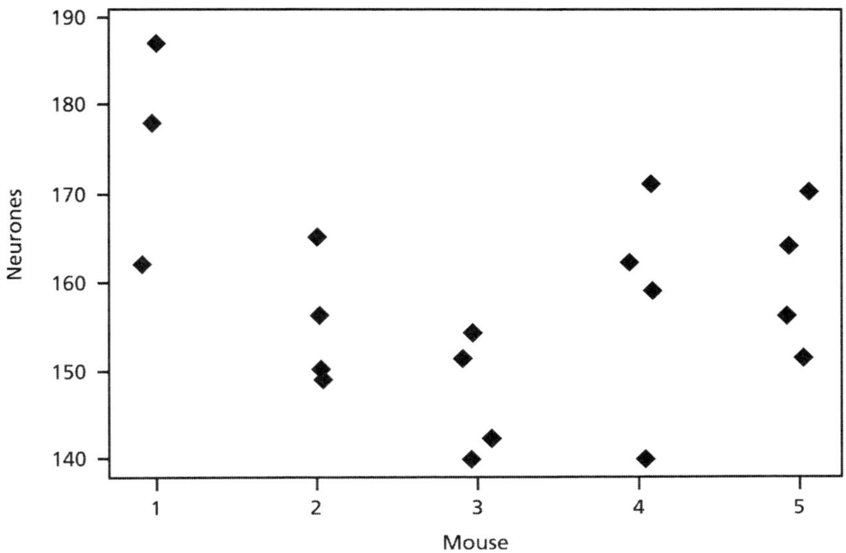

그림 4.4 다섯 마리 마우스에서 해마의 4개 현미경 영역에 신경의 수 데이터는 표 4.6에서 보여주고 있다. 일부 지터(jitter)는 x-축에 첨가되었고 그래서 중복되는 점들을 볼 수 있다.

표 4.7 표 4.6에서 보여주는 데이터의 ANOVA

Source	DF	SS	MS	F	*P*
Mouse	4	1370.7	342.67	3.463	0.003
Error	15	1484.2	98.95		
Total	19	2854.9			
	Est. Var. Comp				
Mouse	60.93 (38%)				
Error	98.95 (62%)				

분산에 대한 마우스 간의 성분은(342.67 – 98.95)/4 = 60.93이고,

계산된 마우스 내 분산성분은 98.95, 오차평균을 제곱한다.

총분산은 60.93 + 98.95 = 159.88이다.

따라서 총변이(60.93/159.88) = 38.1%는 마우스들 간의 차이 때문이며, 61.9%는 마우스 내 변이 때문이다. 비록 변이의 대부분이 현미경 영역에서의 차이 때문에 발생하지만, 마우스 간 변이에 차이가 없다는 귀무가설(null hypothesis)을 시험하기 위한 F값은 *P*-값 0.003으로 계산된다.

해마는 매우 이질적인 구조이므로, 많은 마우스들을 사용하는 것보다 한 마리의 마우스에서 많은 현미경 영역을 관찰하는 것이 오히려 더 좋은 방법일 수 있다. 이러한 형태의 계산에 대한 자세한 내용은 Snedecor & Cochran(1980; p 452)에 의해서 제시되었다. 그러나 계산의 일부는 비용을 필요로 한다. 만약, 마우스가 비싼 경우(그들이 아픔과 고통의 관점에 따라), 더 많은 마우스를 사용하기보다는 한 마리의 마우스에 많은 분석을 하는 경우가 있을 수 있다. 그러나 분석에 비용이 많이 요구된다면 많은 마우스를 사용하는 것이 적절할 수 있다.

고정효과모델에 대한 역(opposed)으로, 마우스는 이러한 형태의 모든 마우스 임의시료로 가정되고, 그럼으로써 마우스의 집단 변동성을 직접 계산하는 것에 주목하라. 그러나 고정효과모델에서, 분석의 결론들은 실험에 포함되지 않은 다른 처리에 대해 신뢰를 높일 수 있도록 확대될 수 없다.

비록 이것이 설계의 이름에 명확히 언급되지 않기 때문에 명확하지 않지만, 고정효과모델과 임의효과모델들은 다음에서 논의될 모든 다른 실험설계에서 발견된다. 예를 들어, 임의화 블록(randomized block)은 일반적으로 단일실험상에 특별처리(고정효과)와 임의효과(블록)를 포함한다.

임의화 블록설계

The randomized block design

블록화(Blocking)는 적은 비용 혹은 추가비용 없이 정확성을 증가시키기 위한 중요하고 강력한 실험도구이다. 그러나 생물의학의 문헌에서는 충분히 이용되지 않고 있다(Festing 1994b). 그것이 어떻게 작용하고 언제 사용되어야 하는지를 이해하는 것은 중요하다.

블록화는 알려진(혹은 추정되는) 이질성(heterogeneity)을 다루지만, 이것은 임의분배에 의해 처리들 사이에 그것이 단순분포 하는 것 이상이며, 체제적 방식(systematic fashion)으로 다루어진다. 블록화는 실험들을 일련의 미니-실험들(mini-experiments)로 분류함으로서 정확성을 증가시키며, 각각은 전체보다 좀 더 동질적인(homogeneous) 실험단위의 세트로 작용한다. 예를 들면, 크기와 연관된 2개 처리집단을 비교할 때, 토끼의 크기 효과는 제거될 수 있다. 실험이 시작되기 전, 토끼들은 일반적으로 각 집단에 동일한 수량이 포함되도록 하기 위해 작은 토끼와 큰 토끼집단으로 나눈다. 일반적으로 토끼의 수량과 체중의 범위에 따라 2-6블록이 사용될 수 있다. 각 블록에 포함되는 동물의 수량은 처리의 총 수보다 적지 않아야 하지만 각 블록 내에 각 처리집단에 정확히 한 마리의 동물을 갖는 것이 매우 적합하다. 처리들은 각 블록 내에서 비교되고, 결과들은 전체 처리평균을 도출하기 위해 조합된다. 블록 간의 차이는 통계분석에서 제거된다. 만약 측정된 형질이 토끼의 크기와 연관되어 있다면, 좀 더 많은 실험단위들(예, 토끼들)을 찾을 필요 없이 이것만으로 실험의 효과를 증진시킬 것이다. 블록화는 수치적 변수를 다루지 않고, '크고', '작고'와 같은 범주적 요인(categorical factors)을 다룬다. 블록들이 생의학과 동물연구에 적용될 수 있는 많은 상황이 존재한다. 동일한 배에서 태어난 동물들은 평균보다 좀 더 유사하며, 동일한 어미에서 태어난 동물을 이용하여 실험을 수행함으로써 블록들처럼 그들이 처리에 민감하게 만들 수 있다. 계통정보(pedigree information)를 이용할 수 있는 대규모 실험에서, 동시에 모든 동물을 처리하거나 혹은 모니터링하는 것이 불가능하고, 기구, 환경뿐만 아니라 반응이 시간의 경과에 따라 변화하기 때문에, 시간은 종종 블록화 요소(blocking factor)로 사용된다. 동물의 공급도 제한요소가 될 수 있다. 돌연변이(mutant)와 유전자변형동물(transgenic animals)은 잘 번식되지 않아 적은 수량의 동물들(블록에는 충분하지만 전체 실험에는 충분하지 않음)이 한 번에 이용될 수 있다.

또한, 사람마다 그들이 처리하는 방법(예, 행동작업, 주사, 수술 등 동물훈련), 동물 취급방법, 그리고 데이터 기록(실제적 행동 데이터)하는 방식이 다를 수 있다. 따라서 한사람 이상의 연구자가 시험에 참여하는 경우, 개인적으로 블록화하는 것이 의미가 있다.

마지막으로, 정확성을 증가시키기 위한 욕구(desire)보다 실제적인 고려사항들이 블록의 사용을 지배할 수 있다. 대규모 연구에서는 동물들이 다른 지역(현장의 경우), 농장 혹은 동물시설의 다른 사육실에서 관찰됨으로써, 그래서 다른 환경조건(예, 날씨, 온도 설정)이 블록의 대상이 되도록 요구할 수 있다. 동물 사육실은 다른 기술자에 의해 관리될 수 있다. 다른 칸(rows)에 있는 케이지는 다른 빛의 강도와 주위 온도를 경험하는 것처럼 사육실 내 케이지 위치는 상대적이다. 모든 이러한 요소들은 블록들로서 처리 될 수 있다.

임의화 블록설계의 통계분석
Statistical analysis of a randomized block design

'상호작용없는(without interaction)' two-way ANOVA는 임의화 블록 분석을 위해 사용된다. 처리들은 고정효과이지만, 예를 들어 수준이 연구자에 의해 결정되는 블록들은 연구자들이 각 블록의 평균수준을 결정할 수 없기 때문에 임의효과이다. 따라서, 이러한 설계에서 처리들과 연관된 변이의 출처와 블록들과 연관된 변이의 출처가 존재하며, 블록×처리 상호작용은 오차변이의 계산치를 제공하며, 오류용어(error term)로 사용된다.

표 4.8의 데이터는 유전자변형 마우스(transgenic mice)에서 돌연변이에 대한 여러-실험실 연구(multi-laboratory)에 의해 도출되었다. 알려진 돌연변이 유발물질(mutagen)의 2개 농도와 대조물질은 유전자변형 마우스에 주입되었고, 그 DNA는 추출되어, 연구실 간의 변동성에 대한 블라인드 시험을 위해 5곳의 실험실로 보내졌다. 각 실험실은 각 농도로부터 2개씩 6개의 DNA의 샘플에서 특정한 유전자좌(genetic locus)에서 돌연변이 수를 계산하였다. 이 경우에, 만약 목적이 돌연변이 총 수에 처리 차이에 대한 어떠한 증거가 존재하는지를 관찰하고자 한다면 실험실은 임의변수이고, 블록화 요인으로 사용된다.

각 실험실의 확인할 수 없는 미가공 데이터는 그림 4.5에 그래프로 보여주고 있다. 이러한 데이터 분산(표시되지 않음)의 one-way 분석은 처리들 간의 차이($F_{2,27} = 2.80$, $P = 0.078$)가 통계적으로 유의적이지 않음을

표 4.8 5개의 다른 실험실에서 분석했을 때, 알려진 발암물질로 유전자변형 마우스(transgenic mice)에 처리한 후 발견되는 돌연변이의 수

Laboratory	Dose 1 (control)	Dose 2	Dose 3
1	11.8	18.8	16.4
1	11.3	20.6	23.4
2	10.3	16.8	13.2
2	9.5	13.0	14.6
3	6.5	2.4	8.4
3	3.9	3.9	8.6
4	5.4	11.7	12.4
4	6.2	11.6	12.2
5	14.2	21.2	22.5
5	15.2	13.7	15.8

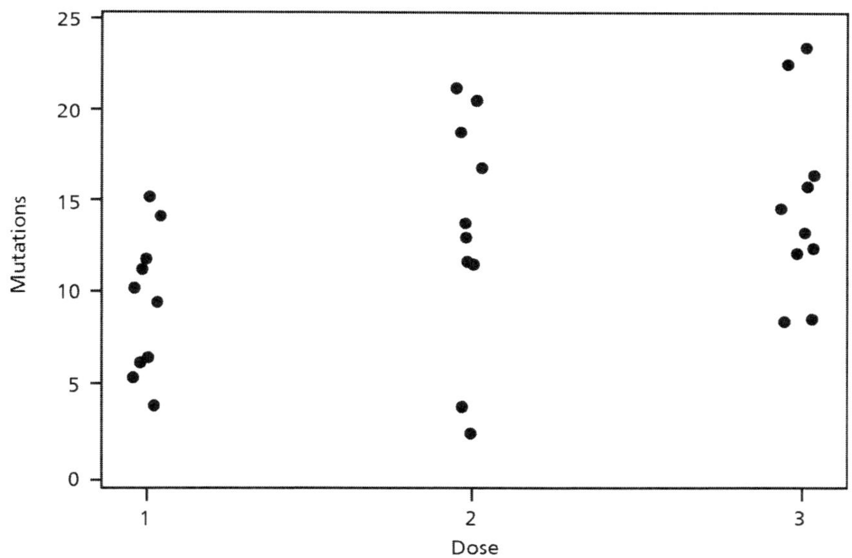

그림 4.5 개별 실험실이 확인되지 않는 돌연변이 데이터 플롯. X-축은 세 가지 농도를 나타내며, Y-축은 돌연변이의 수를 나타낸다. 각 농도집단 내에서 상당한 변이에 주목하라.

보여준다. 그림 4.6은 동일한 데이터를 보여주지만 별도의 기호를 각 실험실에 적용하였다. 각 실험실 내에는 어느 정도 일관성(consistency)이 있다. 많은 변이는 실험실 차이로 인해 발생한다. 그림 4.7은 새로운 데이터를 보여주지만, 실험실 간의 차이를 조정하였다. 이러한 연구실 간의

변이는 MINITAB을 이용하여 표 4.9에서 보여주는 것처럼, 임의화 블록(randomized block) 통계분석에 의해 제거될 수 있다. 이것은 먼저 ANOVA표를 보여주고, 각 농도에 대한 평균을 보여준 후, 마지막으로 터키 테스트를 보여준다. 이 경우, 첫 번째 농도는 두 번째 그리고 세 번째 농도와 다르지만, 이들은 서로 간에 차이가 없다.

실험실간의 차이는 흥미가 적지만, 블록화에 의한 이러한 변이를 제거하는 효과는 즉각적이다: 분산은 27DF의 27.1부터(계산은 보여주지 못함) 23DF의 6.85까지 감소한다. 합쳐진 분산은 ANOVA표에서 오차평균 제곱임에 주목하라. 블록들에 대한 설명이 없다면, 처리들 간에 차이는 유의적이지 않지만, 블록화를 설명한 이후 차이는 매우 유의적이다. 블록화는 비용을 필요로 한다: 4개 자유도(degree of freedom)는 5개 실험실 평균을 맞추기 위해 쓰여진다. 그러나 이 경우에, 블록화 비용은 처리 효과들의 평가정확성을 증가시킴으로 상쇄되는 것 이상이다. 물론, 만약 실험실 간의 변이가 없다면, 블록화는 잔차 제곱의 합의 감소에서 성공에 도달하지 못한다.

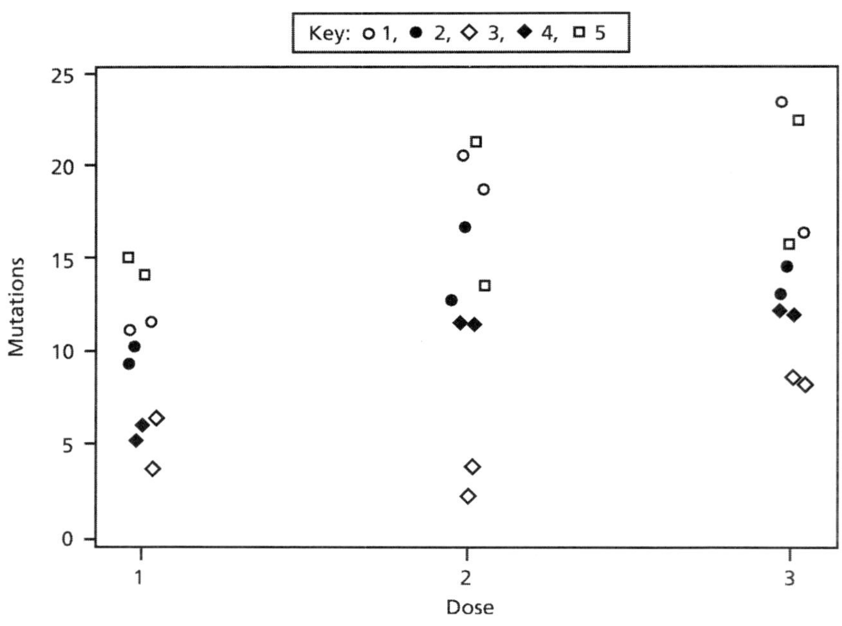

그림 4.6 개별 실험실을 나타내는 표 4.8로 부터 도출된 데이터 플롯 집단 내 변이의 대부분은 실험실 간의 차이 때문임에 주목하라.

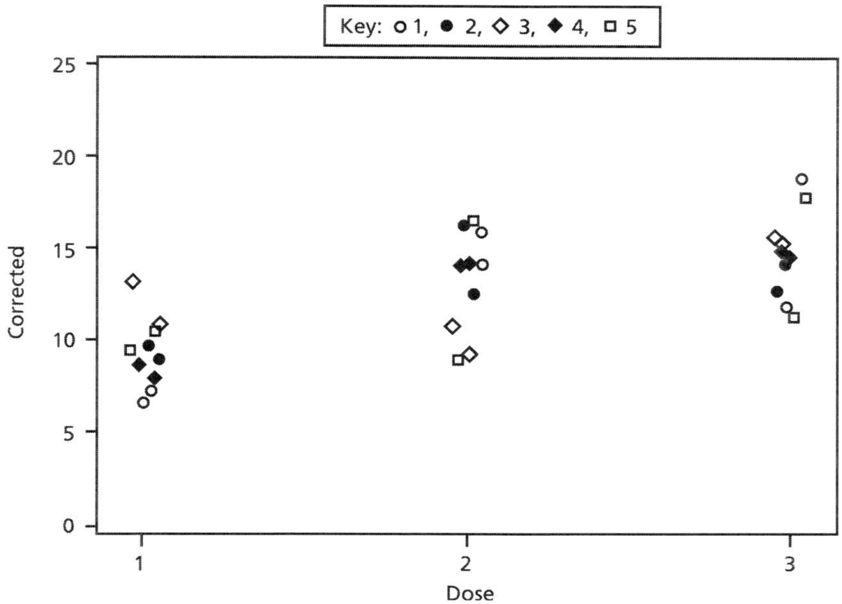

그림 4.7 난괴법(Randomized block design) 변이는 각 관찰로부터 블록평균을 빼고 전체평균을 더함으로써 줄인다.

표 4.9 돌연변이 수에 대한 ANOVA표 실험실간 변이에 대한 블록화

Analysis of variance for mutation numbers

Source	DF	SS	MS	F	*P*
Lab	4	576.45	144.11	21.03	0.000
Dose	2	152.43	76.22	11.12	0.000
Error	23	157.64	6.85		
Total	29	886.52			

Means for mutation numbers

Dose	Mean
1	9.430
2	13.370
3	14.750

Tukey Simultaneous Tests

Response Variable mutations

All Pairwise Comparisons among Levels of Dose

Dose = 1 subtracted from:

Level Dose	Difference of means	SE of difference	Adjusted T-value	*P* value
2	3.940	1.171	3.365	0.0073
3	5.320	1.171	4.544	0.0004

Dose = 2 subtracted from:

Level Dose	Difference of means	SE of difference	Adjusted T-value	*P* value
3	1.380	1.171	1.179	0.4774

가정(Assumption)

이미 설명한 바와 같이, 동질적 분산의 일반적 가정과 잔차의 정규성(normality)은 잔차 플롯을 사용하여 확인할 수 있다. 만약 데이터가 가정에 맞게 나타나지 않는다면, 데이터 변환(로그(logarithms) 또는 제곱근(square roots)이라 불림)은 데이터의 정규화를 도와준다. 더 자세한 사항은 대부분의 통계학 책에 기술되어 있다. 이러한 데이터와 더불어 비정규성(non-normality) 혹은 분산의 이질성에 대한 증거는 존재하지 않는다.

비록 가장 현대적인 통계 패키지는 불균등한 숫자들을 설명하는 최소제곱(method of least squares)분석을 할 수 있지만, 데이터의 누락은 문제의 원인이 될 수 있다.

임의화 블록설계를 이용한 추가적인 가정이 있다. 이것은 처리의 상호작용에 의한 블록이 없다는 것, 즉 반응은 각 블록에서 동일하다(임의 변이로부터 분리된)는 것이다. 예를 들어, 만약 돌연변이를 유발하는 처리가 일부 실험실에서 효과가 없고, 다른 실험실에서는 큰 효과를 나타낸다면, 이러한 상황은 증가될 것이다. 모든 실험실에 걸친 평균은 처리효과가 상실되었음을 의미하게 된다. 만약 이러한 상호작용이 예측된다면, 데이터 변환이 여기서 발생할 것이다.

라틴방격 그리고 유사설계

The Latin square and similar designs

위에서 기술한 임의화 블록설계는 처리를 부가하는 과정에서 변이(실험실 차이)의 체제적 출처를 제거한다. 그러나 실험실, 결정하는 시간, 그리고 실험하는 기술자와 같은 잠재적 이질성(potential geterogeneity)에 대한 2개 혹은 3개의 출처가 있다고 가정해보자. 라틴과 그레코-라틴(Graeco-Latin squares)방격은 변이의 2개(라틴방격 설계) 또는 3개(그레코-라틴방격 설계)의 출처를 동시에 조절하고자 하는 블록화 디자인의 특별한 경우이다. 그레코-라틴방격은 동물실험에 거의 사용하지 않는다.

미로에서 학습능력을 측정할 때, 생물학적 주기(Circadian rhythms)

로 인해 하루 중 시간의 변화 때문에 효과가 나타날 수 있으며, 또한 마우스의 체중 변이 때문에 어떤 효과가 나타날 수 있다. 일반적인 라틴방격의 한계에서 실험단위의 총 수는 처리집단의 총 수의 제곱이 되어야 한다는 것이다. 따라서 만약 실험에 3개의 처리(비운동; 중간 정도 운동 그리고 마라톤 운동)가 존재한다면 라틴방격은 아홉 마리의 동물(3×3)로 구성해야 한다. 하루 중 실험하는 시간은 실험의 열(rows)들이 되도록 고려하고, 체중은 행(columns)이 되도록 한다. 세 마리의 작은 동물(3개 처리 집단의 각각으로부터 한 마리씩)은 9시에서 10시 사이에, 중간 크기의 동물은 11시와 12시 사이에, 가장 큰 동물들은 14시와 15시 사이에 측정하였다. 마우스가 야행성 동물이기 때문에, 마우스들은 조명주기를 역행하는 실험수행에 민감하다. 그러나 이러한 실험에서 열과 연관된 자유도 2, 칼럼 2, 처리 2, 오차에 대한 자유도 2가 남게 될 것이다. 라틴방격은 정밀도를 높이기 위해 반복될 수 있다. 이러한 실험에서 3×3 설계는 세 번 반복될 수 있고, 오차에 대한 자유도 6이 주어진다. 일반적으로 비반복방격(un-replicated square)은 5와 8사이의 처리가 이루어져야 한다: 부족하다면, 실험의 정확성이 떨어지게 되고, 과하면 지나치게 커지고, 관리가 어렵다. 라틴방격의 통계적인 분석이 문제가 없음을 나타내는 것은 누락 값이 없음을 증명한다. 대부분의 컴퓨터 프로그램에 의해 허용될 수 있는 것은 거의 없으며, 이러한 종류의 설계는 누락 값이 존재하는 곳에서 사용되어서는 안 된다.

라틴방격은 동물을 대상으로 하는 실험에서 일반적이지 않지만, 일부 경우에는 동물 수를 감소시키고, 정확성을 증가시키는 방법으로 유용할 수 있다. 예를 들면, 이러한 설계는 3회에 3개의 다른 처리 중에 하나를 받은 3마리 마우스의 각각(마우스는 '열'), 일주일 중에 실험일(월 · 수 · 금요일은 '행'), 그리고 세 가지 다른 안와정맥출혈(orbital sinus bleeding) 투여방식의 처리로 구성된 일부 마우스의 행동변수에 대한 안와정맥출혈의 영향을 연구하는 과정에 사용될 수 있다(van Herck *et al.* 2000). 이러한 설계는 Cochran & Cox(1975)에 의해 좀 더 세부적으로 기술되었다.

동물 내 실험

Within-animal testing

교차설계

The crossover design

이러한 설계에서, 2개 혹은 그 이상의 처리는 동물에 순차적으로 적용된다. 그래서 실험단위는 일정 기간 동안의 동물(혹은 다른 대상)이다. 이러한 설계는 정확히 '이것이 어떻게 설계되었는가'에 따라 임의화 블록과 라틴방격에 밀접한 상관관계가 있다. 만약, 처리들이 임의순서로 적용되었다면, 설계는 동물이 블록화되는 임의화 블록과 동일하다. 이러한 설계는 다른 처리가 동물을 영구적으로 변화시키기 때문에, 한 번의 처리만이 처음으로 주어지는 상황에서 사용된다. 이러한 경우에, 시간의 경향은 존재하지 않는 것으로 가정한다. 그러나 각 동물 내부에 시간의 경향이 존재한다면(동물이 나이가 들거나 혹은 성장이 멈추는 것을 말한다), 라틴방격의 레이아웃이 사용된다. 예를 들어, 3개의 기간 동안에 3마리 동물에 3번의 처리가 적용되었다고 가정해 보자. 동물들은 라틴방격설계의 '행'으로 나타내고, 기간은 '열'로 나타내며, 처리들은 그들이 기간들 사이에 정확히 균형을 이룰 수 있도록 배열될 필요가 있다(그림 4.8).

교차설계의 장점은 개체 간의 차이가 매우 크지만, 개체 내 변이는 매우 작다는 것이며, 그래서 처리들 간의 차이는 매우 높은 정확성을 갖도록 계산된다. 단점은 처리효과들이 하나의 기간부터 다른 기간까지 나타나며, 따라서 일반적으로 처리들 간의 휴지기간 혹은 세척(washout)이 요구된다. 처리의 효과는 일시적이고 가역적(reversible)이므로 이러한 특성이 이 설계의 적용한계이다. 따라서 이러한 설계들은 약물처리 시험에는 적절하지만, 일부 수술적 시험(interventions)에는 적합하지 않다. 교차설계는 올바른 상황(right circumstances)에서 그들의 윤리적 가치를 확인하기 위한 임상적 적용에 널리 사용되고 있다. 이들은 회복이 없는 마취하에서 동물을 이용한 약학적이고 생리학적인 실험에 사용된다. 이러한 상황에서, 예를 들어, 일부 약물은 각 약물을 모니터링 할 수 있는 ECG

	Period 1	Period 2	Period 3
Animal 1	Treatment A	Treatment B	Treatment C
Animal 2	Treatment C	Treatment A	Treatment B
Animal 3	Treatment B	Treatment C	Treatment A

그림 4.8 라틴방격처럼 제시된 교차설계의 도표(행은 동물에 의해 제시되었고, 열은 시간으로 제시되었다.) 행과 열은 처리들과 균형을 이루고 있음에 주목하라. 예를 들어, 행과 열은 정확히 각 처리의 하나를 갖는다. 어떤 크기의 라틴방격은 첫 번째 행은 A, B, C로 기술될 수 있고, 그래서 다음 행의 A는 오른쪽으로 한 칸 떨어져 놓여있다. 그들은 임의화된 전체 행에 의해 임의화 되었고 전체 열에 의해 임의화 되었다. 이것은 균형된 구조를 유지한다. 아직 임의화되지 않았다. 여기서 보여주는 것처럼, 3×3 설계는 사용되기에는 너무 작다(이전 단락 참조). 만약 오직 3개 처리들만 있다면, 방격에 적용될 수 있다. 교차설계는 만약 이것이 시간경향이 없다고 생각된다면 임의화블록으로 수행될 수 있다. 이러한 경우, 처리들은 임의순서로 각 동물들을 배정하고 라틴방격의 다른 제한은 적용되지 않는다.

혹은 EEG 반응을 나타내는 동물에 순차적으로 투여될 수 있다(적절한 세척기간을 갖고). 그들이 동물들 간에 변동성이 매우 큰 상황에서 동물 사용을 줄일 수 있는 잠재력을 가지고 있는 경우에, 이러한 설계는 동물 실험에서 활용되지 않는다.

불완전 블록설계의 균형잡기

Balanced incomplete block design

때때로, 자연블록은 모든 처리집단에 적용될 수 없다. 리터크기(litter size)는 블록화요인이 될 수 있지만, 만약 8개 처리집단이 있지만 4마리 이상의 동물을 포함하는 리터를 확보하는 것이 불가능하다면, 이것은 문제가 될 수 있다. 교차설계를 이용하여 동일 동물 내에서 모든 처리들을 시험하는 것은 불가능할 것이다. 이것은 시간의 제한 때문이며, 아마 세척 이후 적절한 휴식기간을 갖는 완전한 교차연구에서, 처리들의 합리적인 횟수를 연구하기 위해서는 많은 시간이 걸린다. 또한, 사용된 동물의 부위 혹은 기회(occasion)의 횟수 상에 물리적 제한이 존재하게 된다. 불완전 블록설계에 대한 완벽한 서술은 이 책의 범위를 벗어나지만, 다양한 블록크기와 처리들의 횟수를 위한 설계는 Cochran & Cox(1957)에 의해 기술되었다.

반복 측정설계
Repeated measurements designs

둘 혹은 그 이상(가끔 매우 많이)의 측정들이 특정 기간 동안 각 동물에서 수행된다. 예를 들어, 20마리의 랫드가 2개의 약물처리집단으로 나누어지고(하나는 대조군), 혈액샘플은 혈구 측정을 위해 얻어졌다. 만약 많은 혈액이 필요하다면, 각 시간대에 랫드를 부검할 필요가 있다. 실험은 2(약물들) × 2(시간) 요인설계가 될 것이다(아래에서 논의). 만약 혈액이 매우 적은 양이 필요하다면, 각 랫드를 마취하여 각 시간대에 혈액을 채취할 수 있다. 이 실험은 반복측정설계로 분석되어야 한다.

불행히도 반복측정은 그들이 어떻게 분석될 것인지 완전히 고려되지 않고 이루어진다. 시간은 임의화(randomized) 될 수 없는 비정상적인 요인이다. 만약 동물에 약물을 주입한다면, 10분 후에 나타나는 그들의 반응을 연구하기 전에, 1시간 후에 나타나는 반응을 연구하는 것은 불가능하다. 이것은 반복측정이 갖는 일부 개념적 문제의 원인이다. 각 시간대에 여러 번의 분석을 수행하는 것이 허용되지 않는다. 주어진 시간에 동물로부터 수집된 데이터는 다른 시간에 수집된 자료와 연관될 것이므로, 다중분석(multiple analysis)은 상호연관되어 있다. 여기에 몇 가지 허용 가능한 연구들이 있다.:

사전 선택된 시간에서 분석(Analyse a preselected time point only)

가장 단순한 연구는 실험을 시작하기 전에 선택한 하나의 시점에서 데이터를 분석하는 것이다. 그러나 만약 처리효과의 개시 시간이 불확실하다면, 이러한 연구를 적용하는 것은 불가능하다.

정보요약측도의 발견(Find an informative summary measure)

몇 가지 가능한 요약측도는 그림 4.9에 제시하였다. 프로파일(a)은 각 동물에 대한 시간경과 평균반응을 계산하여 요약하였다. 프로파일(b)은 각 동물에 대한 기울기(slope, 변화비율)를 계산하여 요약하였다. 프로파일(c)은 곡선밑면적(area under the curve(AUC))이 그 동물에 대한 반응의 크기를 요약하여 사용하였다. 프로파일(d)은 정상반응(peak response)에 대한 시간을 보여준다.

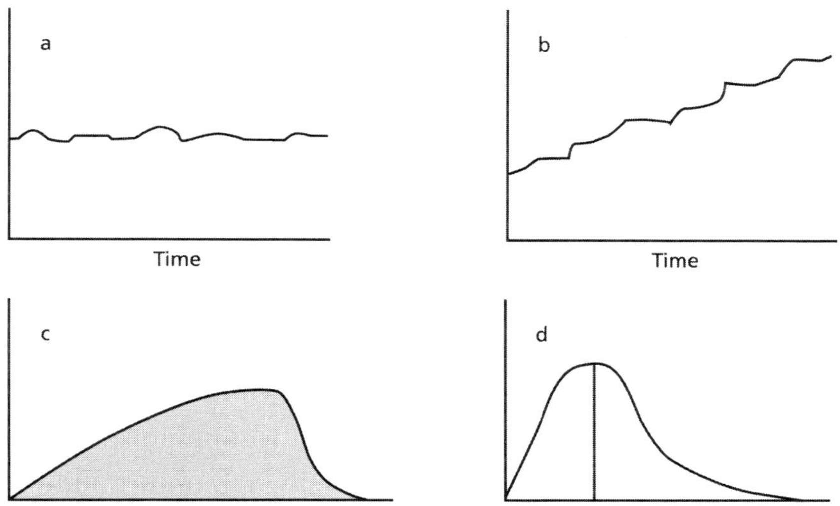

그림 4.9 반복측도설계(repeated measures design)를 이용한 몇 가지 가능한 요약측도(summary measures) (a)의 경우, 모든 측정평균은 대부분 적절할 것이다. (b)의 경우, 적절한 요약측도는 선상(line)의 점이 될 수 있다. (c)의 경우, 곡선 밑면적이 사용될 수 있으며, (d)의 경우, 시간에 대한 피크반응이 사용될 수 있다.

랫드의 혈액채취를 예를 들면, 만약 실험의 주요목적이 혈구측정에서 어떠한 변화를 관찰하기 위한 것이라면, 간단한 one-way ANOVA에 의한 요약측도로 혈구측정에 차이를 분석하거나 혹은 공분산에 의해 초기 혈구측정에 대한 정확성을 위해 최종 혈구측정을 분석하는 것이 더 나은 방법이다.

동물 당 2번 이상의 측정을 할 때, 별도의 문자(character)(변수에 의존적인)로써 각 시간대에 데이터를 평가하는 분산의 다변량분석(multivariate analysis)의 수행이 가능하지만, 문자들 사이에 가능한 연관성을 설명해야 한다.

반복측정 ANOVA(Repeated measures ANOVA)

반복측정 ANOVA에 관한 문헌 상에 약간의 혼동이 있다. 일부 작가들(예, Howell 1999)은 동일한 개체를 한번 이상 측정하는 실험에서 교차설계로서 이전 단락에서 기술하였던 것을 포괄하는 용어로 사용된다. 그러나 일반적으로 시간은 ANOVA에서 요인으로 간주되며, 그래서 시간 × 처리 상호작용으로 다양한 횟수에서 측정하고, 두 번 혹은 그 이상 처리된 동물을 포함한 분석이 될 수 있다. 만약에 유의성이 있다면, 후자는 어떤 처리들에 대한 반응이 다른 처리들로부터 다른 시간에 변화됨을 나타낸다. 그러나 위에서 언급한 것처럼, 이러한 분석은 타당성에 논쟁이 될 수 있으며(Mead 1988, p 407) 전문가의 조언이 강력이 권고된다. 반복측정설계의 분석에 대한 유용한 실제적인 설명은 Everitt에 의해 제시되었다(1995).

복잡한 설계

More complex design

요인설계

Factorial designs

반응(의존적)변수 상에 처리 그리고 성별(2개의 독립변수들)과 같은 하나 이상의 요인에 대한 동시효과는 연구에 필요하다. 예를 들어, 혈압을 낮추는 새로운 약물이 한쪽 성별에만 작용하거나 혹은 식이처리에 대한 반응이 다른 유전형을 갖는 동물에서 동일한지를 알아보고자 하는 경우를 가정해 보자. 요인설계와 블록을 포함한 설계 간에 차이는 2배이다. 먼저 블록들은 처리, 성별 등과 같은 2개 혹은 그 이상의 고정효과들을 포함하는 요인설계에서 임의효과(random effects)이다. 두 번째로, 블록화의 목적은 정확성을 증가시키는 것이고, 요인설계의 목적은 결과의 '보편성(generality)'을 증가시키고 정보의 양을 증가시키는 것이다. 처리효과가 양쪽성별에서 나타나는지를 관찰하는 실험은 오직 한쪽 성별만을 포함하는 것보다 광범위한 보편성을 나타낸다. 상호작용이 없다면, 요인설계의 이용은 결코 정보를 상실할 수 없으며 상호작용이 있을 때는 이것이 이러한 상호작용을 보여주는 유일한 방법이기 때문에 설계는 필수적이다.

요인설계와 임의화 블록설계는 상호배타적이지 않다. 요인실험들은 종종 임의화 블록설계로서 설계된다. 예시는 다음과 같다:

연관(Interactions)

생물학자들은 통계학자들이 연관이라 부르는 것을 기술하기 위해 상승작용(synergism) 혹은 잠재성(potentiation)과 같은 단어들을 종종 사용한다. 그래서 약물에 대한 반응을 알코올중독자(alcoholics)에서 관찰하였다면, 이것은 '알코올중독(alcoholism)은 약물효과에 잠재적이거나 알코올중독과 약물처리사이에 상관관계가 있다.'라고 말해진다. 일반적으로 요인설계들은 처리에 대한 반응이 다른 요인들이, 무엇으로 연구되었더라도 모든 수준에서 동일한지를 보여준다. 몇 가지 요인들이 포함될 수 있다. 만약 위의 약물에 대한 반응이 남성 알코올중독자에서만 관찰할 수 있고 여성이나 비알코올중독자 남성에서는 볼 수 없다면, 약물 × 음주 × 성별(gender)의 삼원연관(three-way interaction)이 될 수 있다. 그러나 이러한 정렬(sort)에서 '높은 서열(high order)' 연관들은 상대적으로 드물고, 그들의 검출은 많은 실험을 요구하며, 그들은 종종 해석이 어려운 경우가 있다.

ANOVA는 몇 가지 요인들과 그들 사이에 연관들에 대한 복합요인설계(complex factorial designs)를 다룰 수 있으며 블록화와 같은 다른 설계 고려사항들을 다룰 수 있다. 일부 경우에, 높은 서열연관들은 관심이 적고, 그들이 일반적으로 통계적 유의성이 없기 때문에 그들을 계산하는 것이 항상 필요하지는 않다.

2개의 요인들을 갖는 완전 임의화 블록설계의 예시처럼, (1)운동활동은 학습능력에 영향을 미치는지, 그리고 (2)어떠한 반응이 계통-의존적인지를 시험하기 위해 관심요인들이 신체활동(비활동과 활동)과 마우스 계통이라고 가정해보자. 여기서 A, B, C계통으로 언급된 마우스 3계통이 시험되었다. 8마리의 마우스는 각 계통마다 시험되었고, 4마리는 고정된 시간동안 쳇바퀴 운동을 하도록 하였고, 4마리(대조군)는 하지 못하게 하였다. 통계학적 분석이 없더라도 A계통은 다른 2계통보다 운동 활동에 대한 다른 반응을 나타냄이 분명히 제시됨에 주목하라.

표 4.10 2번의 운동처리를 실시한 마우스 3계통에서 학습능력 점수

	Learning score	
Strain	No running	Running
A	8.55	13.59
A	9.63	15.05
A	10.33	15.14
A	12.04	16.83
B	8.43	10.69
B	10.10	11.32
B	10.64	11.41
B	11.33	11.76
C	7.22	9.86
C	8.21	10.52
C	9.91	10.67
C	10.75	12.84
Mean A	10.14	15.15
Mean B	10.13	11.30
Mean C	9.02	10.97

분석(Analysis)

ANOVA는 표 4.11에서 보여주었다. 적합값(fits)과 잔차(residual)의 플롯(보여주지 않음)은 잔차의 비정규성(non-normality) 혹은 분산의 이질성(heterogeneity)에 대한 증거를 보여주지 못한다. 계통×활동 상호효과는 $P = 0.018$에서 통계적으로 유의적임에 주목하고, 계통들은 운동활동 처리에 대한 그들의 반응에 차이가 있다는 증거를 제시하고 있다.

표 4.11 요인설계에 대한 ANOVA표(SPSS 결과)('운동:계통'은 때때로 '운동×계통'으로 설계된 연관용어이다.)

Source	DF	SS	MS	F	*P*
Running	1	44.119	44.119	26.838	0.000
Strains	2	30.030	15.015	9.134	0.002
Running:strains	2	16.524	8.262	5.026	0.018
Error	18	29.590	1.644		
Total	23	120.263			

Pooled within-group standard deviation is 1.28, the square root of the error mean square

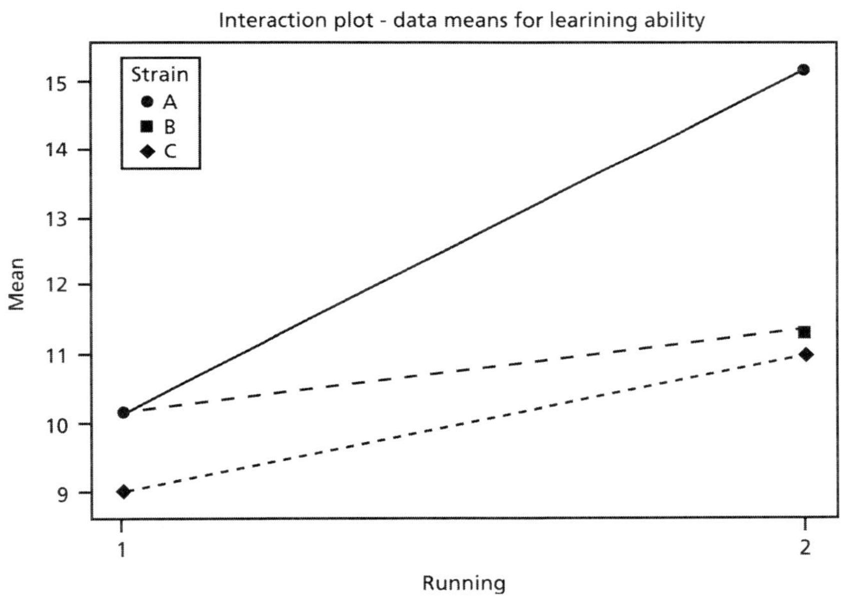

그림 4.10 운동(running) × 계통요인설계(strain factorial design)에 대한 연관플롯 단일연관효과(significant interaction effect)는 3개의 직선이 평행하지 않고, A계통은 운동에 대해 다른 2계통보다 반응성이 우수함을 내포하고 있다.

Post-hoc 비교는 좀 더 상세히 이러한 차이를 연구하는데 사용될 수 있지만, 반응에서 통계학적으로 측정 가능한 계통간 차이와 더불어 작은 차이도 충분히 알 수 있다. 합동표준편차(pooled standard deviation)는 오차평균제곱의 제곱근으로서 얻어짐에 주목하라.

오직 한 계통만을 사용하는 단일요인설계(single-factor design)를 극복하는 이러한 요인설계의 장점은 얼마나 많은 계통이 다양한가를 계산함으로서 반응이 계통의존적(strain-dependent)이라는 부가적인 정보를 제공한다. 추가적인 비용은 무시해도 될 정도로 작다. 실험은 24마리의 마우스를 함께 사용하였고, 필요로 하는 수량은 단일계통으로 사용된다(샘플크기의 계산논의는 제5장을 참고하라). 만약 단일계통이 사용되었다면, 학습능력 증가의 계산은 이러한 계통에 대해 가치가 있으며, 계통별로 반응이 차이를 나타내는지는 알 수 없다.

만약, 2개의 순차적 요인들 사이에 연관이 있다면, 그림 4.10에서 보여주는 것처럼, 평균이 계획될 때, 비평행선(non-parallel lines)(직선) 혹은 곡선으로서 나타난다(만약 2개 처리 이상이 존재한다면).

부분요인설계(fractional factorial design)는 동일한 실험 내에서 동시에 많은 요인들의 효과를 검색하는데 사용될 수 있다. 이름에서 나타나는 것처럼, 이것은 완전요인설계(full factorial design)를 위해 필요로 하는 부분(fraction)(예, 동물실험의 1/2, 1/4, 1/8번째)만을 적용함으로써 실험으로부터 얻어지는 정보의 일부를 희생하는 것이 가능하도록 만들어준다. 희생된 정보는 일반적으로 해석하기 어려운 4개 혹은 그 이상의 요인들의 높은 서열 상호작용(higher order interaction)에 관한 것이다. 통계학자들 혹은 우수한 통계학책자는 효과적인 설계에 도움을 줄 것이고, Statease Corporation(*www.ststease.com*)에 의해서 생산된 Design Expert와 같은 완전/부분 요인설계의 사용에 대한 단계적인 가이드라인을 제공하는 특별한 통계프로그램 패키지가 존재한다.

동물 간 그리고 동물 내 시험의 조합을 위한 분할구설계

Split-plot design for combining between-animal and within-animal testing

분할구설계(Split-plot design)는 곡물에 대한 야외실험을 수행하는 농업과학자에 의해 개발되었다. 실험(밀 다양성이라 말하는)은 야외에서 플롯의 수를 이용하여 수행하지만, 플롯은 밀 파종을 위한 기계가 크기 때문에 매우 커진다. 그러나 비료(fertilizer)는 매우 적은 구역에 정확히 살포될 수 있으며, 그래서 밀의 실제 다양성에 대한 플롯은 세분화 혹은 분할(split)될 수 있다. 따라서 이러한 설계는 실험단위의 두 가지 형태를 포함한다. 전체플롯(whole plots)은 밀 다양성을 비교하기 위한 실험단위이지만, 분할플롯(split-plots)(예, 절반플롯(half a plot))은 다양성 내에서 비료처리를 비교하기 위한 실험단위이다. 이 설계는 큰 장점을 갖고 있다. 어떤 다양성 × 비료연관 항(term)이 매우 정확히 계산되며, 그래서 요인설계와 유사한 설계를 기대하며, 기술적으로 이것은 요인설계의 한 형태이다.

생물학적 예시의 경우, 훈련된 동물을 만드는 과정에서 실수(mistake)의 수를 증가시키는 것으로 믿어지는 작용약물(agonist)을 처리하는 '처리 1' 혹은 대조군 '처리 2'로 동물들을 임의로 분할하는 행동실험을 고려해 보라. 지금까지 이것은 완전임의설계로서 나타내었다. 그러나 각 동물은 또한 그들 사이에 적절한 세척기간을 임의순서로 처리하는 과정에서 반응을 감소시키기 위해 2개 단기반작용약물(short-term antagonists) A와 B를 투여 받는다.

반작용약물(antagonists)의 효과, 작용약물 처리와 이들의 연관성이 동물 내에서 비교되는 동안, 작용약물 '처리 1' & '처리 2'는 동물들 사이에 비교되었다. 개별동물 내에서 변동성 수준은 동물들 사이에 변동성보다 작으며, 분산표의 분석은 동물 내 변동성과 동물 간 변동성으로 계산되며, 적절한 오차항(error term)에 대한 각 처리효과를 시험한다. 비록 이러한 설계가 매우 유용하지만, 통계분석은 매우 복잡하다. 전문통계학자들의 자문이 필요하게 될 것이다.

순차설계
Sequential designs

이러한 설계에서, 대상들 혹은 대상집단들은 한 번에 시험되고, 시험결과는 다음 시험을 수행하기 전에 알 수 있다. 축적된 데이터는 분석되고 결정은 다음 대상과 관련된다. 이들은 아마 농도의 변화(예, LD_{50}을 결정하는 승강실험법(up-and-down method) 혹은, 어떤 상황과 설계하에서, 다른 동물로 계속될지 혹은 실험을 종료할지 결정(decision)을 포함한다.

비록, 이러한 방법에서 비순차적실험(non-sequential)은 많은 공간을 필요로 하는 대동물들을 이용한 실험에 적합하지만, 순차설계(sequential designs)는 시험결과를 상대적으로 빨리 얻을 때 적절하다. LD_{50}을 결정하기 위한 승강실험법(up-and-down)과 급성독성 등급법(acute-toxic-class method)(Schlede *et al.* 1992)은 순차설계이며, 전통적인 시험보다 적은 수의 동물을 필요로 한다(Lipnick *et al.* 1995). 이러한 설계의 상대적 이점은 사망이 종료점(end point)으로 사용될 때, 가능한 고통(suffering)을 고려한다는 것이다. 순차설계는 일부상황에서 최적이며, 다른 설계보다 작은 샘플크기로 원하는 결과의 정확성을 달성할 수 있다. 랫드 모델에서 뇌졸중(stroke) 영향을 억제하는 물질(compounds)의 효능을 시험하는 순차설계는 평균적으로 35%의 동물사용을 감소시킨다(Waterton *et al.* 2000).

순차설계의 구성과 분석은 복잡하며, 이러한 설계가 적합하다고 생각하는 사람은 전문가의 조언을 받아야 한다. Armitage(1975)에 의한 순차설계 논문도 이용할 수 있다.

실험 후 변동성 감소: 공분산 분석

Reducing variability after the experiment: the analysis of covariance(ANCOVA)

실험시작 전에 관찰과 측정이 실험대상에 대해 실시되며, 최종관찰은 이러한 관찰들을 설명하기 위해 필요로 한다. 예를 들어, 간(liver)과 같은 기관의 무게에 어떤 처리의 효과를 연구할 때, 처음부터 큰 동물이 최종적으로 큰 간의 무게를 가질 수 있기 때문에, 분석은 최종 간의 무게 측정으로 수행될 수 있지만 초기 체중을 조정하는 것이 더 나을 것이다. 일반적인 전략은 초기 체중으로 간의 무게를 나누는 것이다. 그러나 비록 이것이 일부 경우에 수행되지만, 다른 경우에 역효과(counterproductive)가 초래될 수 있다. 만약 초기 몸무게와 최종 몸무게가 연관성이 없다면, 비상관(unrelated) 임의변수로 나누는 것이 최종 간 무게에 변이(variation)를 증가시키기 때문에 몸무게에 대한 조정이 실제로 정확성을 감소시키게 될 것이다. 비록 상관성이 있음에도 불구하고, 체중으로 나누는 것은 가장 적절한 수학적 조정(mathematical adjustment)은 아니다.

공분산(covariance) 분석은 최적의 방법으로 이러한 순서화(sort) 상황을 다루도록 설계한다. 그것을 수행하기 위한 것은 공변량(covariate)(예, 초기 체중)과 의존변수(dependent variable)(간 무게) 간에 직선관계인지 여부를 결정하는 것이 우선이며, 그리고 만약 그렇다면, 의존변수에 대한 최적직선조정(optimum linear adjustment)을 만들고, 그래서 오차변이를 감소시킨다. 공변량은 처리에 의해 자체가 영향을 받으면 안된다.

예시로서 표 4.12의 데이터는 간 독성물질이라고 믿어지는 화합물을 처리하는 실험으로부터 도출된 결과이다. 시험된 가설은 화합물이 간 무게에 영향을 주지 않는다는 것이다. One-way ANOVA는 3개 집단 간에 간 무게에서 유의적인 차이($F_{2,14} = 2.5$, $P = 0.15$)는 없음을 보여준다(집단 3은 대조군이다). 그러나 체중 자체는 처리에 의한 영향이 없음에도 불구하고, 큰 랫드는 큰 간을 가지고 있다. 공분산 분석은 표 4.13에서 보여주는 결과들을 이용하여 MINITAB 통계 패키지를 사용하여 수행되었다. 공변량, 체중은 ANOVA표의 첫 번째 행에 포함되었고, 간 무게와 연관된 유의성이 시험되었다. 이 경우, 연관은 $P = 0.022$로 유의적이다. 간 무게는 공통 체중에 대하여 자동적으로 조정되었으며, 처리 차이들은 평가되었고 $P = 0.013$로 통계학적 유의성이 관찰되었다. 따라서 체중의 변이를 설명하기 위해 간 무게를 조정함으로써, 유의적 처리효과를 확립하였다. 다음 단계는 효과의 크기(magnitude)를 평가하기 위해 개체평균을 찾는 것이다.

공분산분석은 블록화 설계에 대한 반대로서, 설계보다 분석방법을 고려할 수 있으며, 설계가 특화되고 실험이 수행된 후에 무게에 대한 조정이 시행된다. 그러나 블록화(blocking)처럼, 실험의 정확성을 증가시키기 때문에 이것은 여기에 포함되었다. 이것은 실험이 공분산분석에 사용되기 전에 결정이 정상적으로 수행되는 실험설계의 부분으로 구성되었으며, 공변량이 측정되었다. 공분산은 블록화로 사용되는 범주적 데이터(작은 것, 중간 것, 큰 것)보다는 공변량의 수치데이터(numerical data)를 사용하는 블록화 이상의 장점이 있다. 그러나 이것은 좀 더 편리하게 취급하기 위해 실험을 작은 부분으로 나누는 능력과 같은 블록화의 다른 장점은 갖고 있지 않다. 어떤 공변량이 처리에 의해 변화되는 대상이 아님에 주목해라. 이러한 예시에서, 처리 전의 체중을 사용하는 것이 안전하지만, 체중은 처리에 의해 영향을 받는다는 증거는 없다.

표 4.12 랫드의 3개 집단에서 체중과 간 무게 처리집단 1과 2는 잠재적인 간독성 물질로 처리하고 집단 3은 대조군이다.

Treatment 1		Treatment 2		Treatment 3	
Body	Liver	Body	Liver	Body	Liver
238	8.97	219	11.11	229	8.40
262	9.62	230	10.22	276	10.51
239	10.34	219	10.19	250	10.65
271	11.14	251	12.57	276	9.12
229	10.49	245	11.80	247	9.65
		203	9.27		
		243	10.70		

표 4.13 표 4.12에서 주어진 데이터의 공분산분석 MINITAB은 '일반직선모델' ANOVA의 부분으로서 공분산 분석을 수행한다. 비록 이 경우에 수정된 SS(adjusted SS, Adj SS)는 SS와 동일하지만, 이것은 'Adj SS' 등과 같이 표시된 ANOVA표에서 추가적인 행(columns)을 생산한다. 체중과 연관된 하나의 DF가 존재하고, $P = 0.022$는 체중과 간 무게 사이에 유의적 연관성을 보여준다.

Source	DF	SS	Ads SS	Ads MS	F	*P*
Body weight	1	0.4505	4.6932	4.6932	6.81	0.022
Treatment	2	8.4416	8.4416	4.2208	6.12	0.013
Error	13	8.9651	8.9651	0.6896		
Total	16	17.8573				

5

시료크기 결정

The determination of sample size

시료크기 결정은 연구자가 수행해야만 하는 가장 중요하고도 어려운 결정 중 하나이다. 시료크기가 불필요하게 크면, 과학적 자원이 낭비되고 실험동물들이 불필요한 고통을 받게 된다. 반대로 시료크기가 너무 작으면, 연구의 과학적 목적을 달성할 수 없을 것이고 생물학적으로 중요한 영향이 검출되지 않을 가능성이 높다. 유감스럽게도, 실험을 계획하는 시점에서 알려지지 않은 다수의 요인들에 따라 달라지는 최적의 시료크기를 결정할 수 있는 간단한 방법은 없다. 본 장의 목표는 연구의 과학적 질을 훼손하지 않으면서 과학적 자원(시간, 실험동물, 약물의 비용 등)의 사용을 최소화해야 하는 일부 일반적 원칙에 대해 논의하는 것이다.

시료크기를 결정하는 두 가지 방법으로, '검정력 분석법(power analysis)'과 '리소스 방정식(resource equation)'을 설명하고자 한다. 단, 이와 같은 방법들을 소개하기에 앞서, 시료크기 결정에 영향을 미치는 몇 가지 요인들에 대해 논해보기로 한다.

시료크기에 영향을 주는 요인

Factors affecting sample size

연구 목적

Objectives of the study

연구의 목적이 생존율, ED_{50}, 종양 발현률 등과 같은 어떤 특성값의 평균치를 추산하는 것에 있거나, 2군 이상의 치료군(이 중 일부는 '대조군'으로 지정될 수 있다.)의 평균을 비교하기 위해 '통제된(controlled)' 실험으로 설계될 수도 있다. 혹은, 어떤 화합물에 대한 반응의 시간 경과와 같은 두 변수 간의 관계를 살펴보는 연구가 될 수도 있다. 이에 더해, 어떤 경우에는 치료군 간에 평균차이가 존재하는지 여부를 판별하고자 하는데 목적이 있을 수도 있는 반면, 다른 경우에는 그러한 차이가 있음이 분명한 상황에서 차이의 정도를 측정하는 데 목적을 둘 수도 있다. 최적의 시료크기는 이러한 연구 목적에 따라, 그리고 해당 실험에 수반되는 각기 다른 군의 수 등과 같은 요인들에 따라 달라진다. 본 장에서는, 실험단위(experimental unit)가 동물이고, 실제 단위에 관계없이 동일한 원칙이 적용된다는 것을 전제로 한다.

일반적으로 동일한 분야에 있는 다른 사람들이 과거에 했던 연구를 신뢰하는 경향이 있다. 대부분의 사람들이 과거에 유사 연구에서 6마리의 랫드로 구성된 군 크기를 적용했다면, 가장 편리한(또한, 우수 학회지에 의해 채택(게재 승인)될 가능성이 가장 높을 것으로 추정되는) 행동방침은 계속해서 1개 군당 랫드 6마리씩 배정하는 방법을 사용하는 것이다. 하지만 많은 경우에 이러한 행동방침은 사용되어야 할 실험동물의 수를 심각하게 과대평가하거나, 일부 경우에는 과소평가하게 된다. 일반적으로, 시료크기의 가장 중요한 결정요인은 실험오차(experimental error)(즉, 실험동물 간 편차) 추산을 위해 사용한 동물의 수이며, 처리군의 수가 증가할수록 필요한 군 크기가 감소하게 된다. 회귀분석 연구에서와 같이 어떤 상황에서는 각 시점이나 투여용량에서 단일 관찰을 하는 것이 드물지 않다. 회귀분석에서 상관관계를 올바르게 추정하기에 전체적으로 충분한 시점이 있다면, 이것은 널리 수용되는 방식이다. 존재하는 처리군이 많을수록 처리군당 필요한 동물 수가 적어지는 대조군 시험에도 어느 정도 이와 유사한 주장이 적용될 수 있다. 연구자는 그 분야에서 선행된 연구를 단순히 그대로 따르지 말고, 과학적 산출물을 감소하지 않은 채 동물 사용을 줄일 수 있는 대안적 접근법을 고려해야 한다고 강력히 요구 받는다.

수집대상 자료의 유형

Type of data to be collected

데이터는 생존/사망, 수컷(남성)/암컷(여성)처럼 범주형일 수도 있고, 또는 수치 데이터일수도 있다. 수치 데이터는 카운팅된 수(예를 들어, 한배 새끼수(litter size)나 야외(open-field) 활동성)처럼 불연속형(이산형)일 수도 있고, 아니면 어떤 것을 측정하여 중간값을 취할 수 있는 연속형일 수도 있다. 적혈구 수 혹은 마우스의 한배 새끼 수(대략 1마리에서부터 15마리 이상의 범위를 나타낼 수 있는) 등과 같은 일부의 경우에서 이산형 데이터가 연속형으로서 취급될 수도 있다.

이와 다른 유형의 데이터도 수집할 수 있다. 가령, 개별적 개체의 순위를 매기거나 두 가지 대상의 비를 백분율(%)로 표시할 수도 있다. 어떤 경우에는, 임의의 척도를 참고하거나 주관적으로 매겨질 수 있는 점수로 데이터를 나타내어야 한다. 데이터가 '중도절단된(censored)' 자료일 수도 있다. 예를 들어, 어느 정도의 처리를 한 후에, 정해진 기간 동안 실험동물들을 연구하여 종양이 발병하기까지 걸리는 시간을 알아보기도 한다. 그러나, 아직 종양이 발병하지 않은 실험동물들에게는 잠복시간을 지정할 수 없다. 이와 마찬가지로, 한배 새끼 수는 0마리의 한배 새끼수라는 것은 사실상 이치에 맞지 않다는 점에서 중도절단된 자료가 될 수 있다.

주로, 데이터의 유형은 적용할 통계분석법을 결정하고, 더 나아가 가장 적절한 시료크기도 결정한다. 선택이 가능한 경우라면, 연속적인 수치형 데이터는 통상적으로 범주형 데이터 보다 작은 시료크기로 이어질 수 있다.

혈중 효소의 농도와 같이 어떤 특정값들은 편중분포를 갖는 경향이 있는데, 대다수의 동물들은 낮은 농도를 나타내지만 일부는 극도로 높은 농도를 보인다. 그러한 데이터는 보통 student *t-test*나 분산분석과 같은 모수적(parametric) 방법을 이용하여 분석할 수 없다. 이런 종류의 데이터는(아마도 위의 예에서 효소 측정값의 로그값을 취함으로써) 다른 척도로 변환이 필요하거나, 비모수적(non-parametric) 방법을 사용해야 하거나, 혹은 이질적인 데이터를 고려하기 위해 '고정된(fixed)' 특별한 종류의 모수적 검정법을 이용하여야 한다.

실험재료의 균일성

Uniformity of the experimental material

실험대상이 가변적일수록, 분별력 있는 실험을 하기 위해 필요한 시료의 크기가 커진다. 이것은 대개 이질적(heterogeneous)인 재료를 이용하는 경우, 실험을 시작하기 전에도 그룹들이 실질적으로 차이가 있을 가능성이 실제 존재하므로, 차이의 평균에 맞게 군 크기를 증가시켜야 한다. 이에 대해서는 제3장 및 제4장에서 보다 자세히 논의한 바 있다.

실험설계

Design of the experiment

공식적인 실험설계에 대해서는 제4장에서 논의하였다. 설계방법의 선정은 주로 묻고자 하는 연구문제(questions)의 본질과 생물학적 상황에 따라 좌우되지만, 실험설계가 최적의 시료크기에 영향을 미치는 것만은 확실하다. 일반적으로, 실험이 복잡해질수록, 더 많은 수의 처리군이 필요하게 되고 군당 피험동물의 수는 감소될 수 있다. 앞서 말한 바와 같이, 요인설계의 경우에 특히 그러하다.

검정력 분석법이나 리소스 방정식을 이용한 시료크기 결정

Determination of sample size using the power analysis or the resource equation methods

연구목표를 명확하게 설정하여 수립하고, 적절한 실험단위를 택하고, 수집할 데이터의 유형을 결정한 다음, 균일한 실험단위를 얻는 문제를 고려하고, 처리횟수와 유형을 결정하고, 공식적인 실험설계를 결정하였다면, 필요한 시료크기를 추정하는 것이 가능해진다. 검정력 분석법이나 리소스 방정식을 이용하여 이러한 추산을 할 수 있다.

일반적으로, 검정력 분석법은 약간씩 차이가 있는 치료법으로 여러 차례에 걸쳐 반복하여야 경향성이 나타나는 임상시험이나 동물실험 등과 같이 비교적 단순하지만 비용이 많이 드는 실험에 적합하다. 리소스 방정식은 처리군이 다수이고 많은 종속변수를 갖는 정량적 데이터를 수반하고/하거나 표준편차 추정값이 없는 일회성의 복잡한 생물학적 실험에 적당하다.

시료크기 결정을 위한 검정력 분석

Power analysis for determining sample size

검정력 분석을 위한 계산법은 student *t-test*를 이용하여 두 시료 간 단순 비교보다는 어떤 복합적 실험의 경우에 복잡해질 수 있다. Cohen(1988)은 검정력 분석법에 대한 포괄적 표를 제시하여 이해하기 쉽게 설명한 바 있다. 그러나, 일부 설계들을 위한 검정력 분석법/시료크기 산출만을 할 수 있는 현재 이용이 가능한 MINITAB 및 SAS(SAS Worldwide Headquarters, SAS Campus Drive, Cary, NC 27513-2414, USA, *www.sas.com)*와 같은 여러 통계처리용 컴퓨터 소프트웨어 패키지가 있다. nQuery Advisor(Statistical Solutions Ltd, 8 South Bank, Cross's Green, Cork, Ireland, tel + 353 21 *319629, www.statsol.ie*), PASS 2000(NCSS, 329 North 1000 East, Kaysville, Utah 84037, USA, *www.ncss.com),* Power and Precision(Biostat, 14 North Dean Street, Englewood, NJ 07631, USA, *www.Power-Analysis.com*) 등과 같은 독립형 프로그램도 있다. 대부분의 웹사이트에서 무료 테스트버전(체험판)을 다운로드 받을 수 있다. 본 저서의 원고마감 시점을 기준으로, 상용(유료) 및 무료 검정력 분석툴(free power analysis tools)의 종합 목록을 'www.forestry.ubc.ca/conservation/power/index.html#samplepower' 사이트에서 확인해볼 수 있다.

검정력 분석법은 여섯 가지 변수 간의 관계에 따라 달라진다:

(1) 생물학적으로 주목할만한 효과크기;

(2) 표준편차(the standard deviation);
(3) 유의수준(the significance level);
(4) 실험의 목표 검정력(desired power);
(5) 시료크기(the sample size);
(6) 대립가설(the alternative hypothesis)(즉, 단측 또는 양측 검정).

이 중 임의의 5개를 고정한 다음, 수학적 관계를 이용해 (6)을 추산할 수 있다. 실험에 여러 가지 각기 다른 변수(예를 들어, 체중, 혈액학적 파라미터 및 혈압)의 측정이 수반되는 경우에는, 이러한 특성값 중 어떤 것에 가장 주목할 것인지를 결정해야 하는데, 이 값이 시료크기를 결정하는데 사용되어야 하기 때문이다.

생물학적으로 주목할 만한 효과크기(Effect size of biological interest)

과학적으로 주목할 만한 생물학적 효과는 얼마나 큰 것인지를 정하는 것이 첫 번째 단계이다. 효과크기가 클수록, 이를 검출하기 위해 요구되는 실험의 크기는 작아지게 된다.

연속형 특성값의 경우, 주목할 만한 평균값의 변화율(%)을 고려하는 것이 도움이 될 때가 많이 있다. 랫드에서 체중의 10% 변화율이 생물학적으로 유의한지, 따라서, 이를 검출할 수 있도록 실험이 설계되어야 하는지, 아니면, 20% 변화율이 있었다면 10% 변화율은 중요한 결과일 뿐인지, 범주형 변수의 경우, 생물학적으로 주목할 만한 군간 반응이 어떠한지에 대한 퍼센트(percent responders) 차이를 지정할 필요가 있다. 대조군의 50%가 어느 정도의 효과를 보일 것으로 예상되는 경우에는, 검출하기 위해 주목할 만한 처리군 내 비율을 몇 %로 할 것인지, 55%, 60% 또는 70% 인지를 지정할 필요가 있다.

주목할 만한 변화의 정도를 정하는 것이 어려울 수 있지만, 검정력 분석법을 이용하기 위해서는 반드시 거쳐야 하는 필수적인 절차이다.

표준편차(The standard deviation)

시료크기는 표준편차의 크기에 따라 크게 달라진다. 사망/생존 여부와 같이 이산형 특성값의 경우에는, 표준편차가 사망비율의 함수이므로, 이를 지정할 필요가 없다. 체중이나 효소 농도와 같은 연속형 특성값의 경우에는, 표준편차를 추정할 필요가 있다. 단, 실험이 완료될 때까지 표준편차를 정확하게 알 수는 없다. 많은 경우에, 관련 문헌상에서 유사한 실험이나 유사 실험의 보고를 통해 표준편차의 추정값을 알아 볼 수 있다. 이러한 추정값에 대한 정보를 입수할 수 없는 경우에는, 개략적인 추정치를 산출하기 위해 예비시험(pilot study)이 필요할 수 있는데, 단, 예비시험의 규모가 작으면 추정치가 부정확할 수 있다. 시료크기 추정값에 대한 이러한 효과를 알아보기 위해 입수 가능한 추정값의 최소, 최대값을 기준으로 '최상의 경우(best case)'와 '최악의 경우(worst case)'를 계산해보는 것이 일반적으로 좋은 결과를 얻는 방법이 된다.

유의수준(The significance level)

유의수준이란, 해당 실험이 위양성(거짓양성, false-positive) 결과를 만들어낼 확률 즉, 사실상 우연한 표본오차(chance sampling error)에 전적으로 기인하는 경우에 '통계적으로 유의한(statistically significant)' 영향이 발견될 확률을 말한다.

흔히, $P = 0.05$의 유의수준이 사용되지만, 이 숫자에 대해 마법과 같이 신비로울 것은 아무것도 없다. 0.01이라는 유의수준은 위양성 결과를 얻을 가능성이 100분의 1만 존재한다는 것을 의미한다. 그러나, 다른 것들이 동일하여 위양성 결과를 얻을 가능성이 낮다면, 위음성(false-negative) 결과를 얻을 가능성이 높아지게 된다(참값(true)에 해당하는 생물학적 영향을 검출하지 못하게 되는 것으로, 이를 제2종 오류(Type II)라고 부른다).

실험의 검정력(The power of the experiment)

실험의 검정력이란 지정된 유의수준에서 지정된 영향(효과)을 검출할 확률을 뜻한다. 존재한다면 그 영향을 검출할 가능성이 높은 검정력 있는 실험을 수행하는 것을 일반적인 목표로 하여야 한다. 재량에 따라, 80-90% 사이의 범위 내에서 검정력을 설정하는 경우가 보통이다. 검정력이 높을수록, 필요한 시료크기가 커지게 되므로, 99%처럼 매우 높은 검정력을 지정하게 되면 막대한 수의 실험동물이 필요하게 될 수 있다.

시료크기(Sample size)

많은 경우, 결정해야 하는 변수는 시료크기뿐이고, 이외의 다른 모든 변수는 지정을 한다. 하지만, 간혹 가용한 동물 수를 통해 시료크기를 고정하는 경우가 있는데, 이런 경우 고정된 시료크기에 대해 제안된 실험의 검정력을 추산할 수 있다. 어떤 경우에는, 이러한 검정력이 너무 낮아서 실험을 수행할 가치가 없을 수도 있다.

검정력 결정은 음성(-) 결과를 산출한 완료된 실험결과의 해석에 있어서도 유용할 수 있다. 이것은 실제일 수 있거나, 아니면 추측하건대 너무 작은 시료크기로 인한 불충분한 검정력에서 비롯된 것일 수도 있다. 예를 들어, 어떤 실험에서 지정된 처리효과를 검출할 가능성이 90%였고, 그렇지 않으면 이 정도의 효과는 존재하지 않는 것으로 보인다고 말할 수 있다. 반면에, 그러한 효과가 존재하는 경우에는 해당 실험이 지정된 처리효과를 검출할 가능성이 40%밖에 되지 않을 수 있다.

대립가설(The alternative hypothesis)

통상적인 귀무가설(null hypothesis)은 대립가설이 존재하는 상태에서 처리 평균값 간에 차이가 없다는 것이다. 이것은 양측 유의성 검정(two-side significance test)으로 이어진다. 그러나, 대립가설이 특정한 방면으로 처리 평균값에 차이가 있다는 것이라면, 단측 검정(one-sided test)으로 이어진다.

종합(Putting it together)

이미 언급한 바와 같이, 검정력 분석 소프트웨어는 여러 출처로부터 입수가 가능하다. nQuery Advisor도 그러한 프로그램 중 하나로써, 검정력 분석 계산전용 Windows 프로그램이다. 초기화면에서는 계획된 실험의 성격을 지정한다. 데이터의 유형(평균, 비율, 생존율, 일치도, 회귀분석), 군의 수(1, 2, 또는 3 이상), 통계분석의 유형(유의성 검정, 신뢰구간 또는 동등성 검정)을 지정할 필요가 있다. 두 가지 평균값을 비교할 때에는, student *t-test*나 비모수적 Wilcoxon/Mann-Whitney 순위합 검정을 지정할 수 있다. 세 가지 이상의 평균값을 이용하는 경우에는, 일원- 또는 이원- 분산분석법을 취한다. 두 가지 비율을 비교 시에는, 연속성 보정을 수반하거나 수반하지 않은 상태에서 카이제곱검정(chi-squared test)에 근거한 계산법을 지정할 수 있다.

분석법을 지정한 후에는, 화면을 이용해 변수를 입력한다. 2개 시료 *t-test*의 예가 표 5.1에 제시되어 있다. 주목할 점은, 화면에는 다양한 대체 지정값을 비교해볼 수 있도록 여러 개의 칼럼이 있다. 가령, 처음 지정한 시료크기가 비현실적으로 크다면, 다른 칼럼의 일부를 이용해, 보다 균일한 동물을 적용하여 표준편차를 낮춘다면 혹은 처음 계획한 것보다 효과크기를 더 크게 지정한다면 실험의 규모가 얼마나 커야 하는지를 확인해 볼 수 있다.

예시(An example)

헥소바비탈(hexobarbital) 마취 상태에서 수면시간은 유전적으로 다른 마우스마다 차이를 나타낸다(Jay 1955). 계통당 29-63마리 마우스를 이용하여 다섯 가지 근교계(inbred strains)와 두 가지 폐쇄군(outbred stocks) 집단에 대한 연구 결과, SWR계통과 A/N계통 각각에서 18-48분 범위의 평균 수면시간이 확인되었다(32페이지 제2장의 표 2.3 참조). 수면시간의 표준편차는 5종의 근교계군에서는 평균 3.5분, 두 가지 폐쇄군집단에서는 평균 13.5분이었다. 근교계 BALB/c 마우스와 폐쇄군 Swiss 마우스는 각각 40분 이상 수면을 취했으나, BALB/c 마우스군에서의 표준편차는 단 2분인 반면, Swiss 마우스군에서는 15분으로 나타났다.

부드러운 침엽수 깔짚(bedding) 소재가 마우스의 수면시간에 변화를 주는지 여부를 확인하고자 실험을 설정하는 것이 목적이었다고 가정해보자. 두 가지 군(활엽수 vs. 침엽수)의 비교 실험에 필요한 마우스의 수는 몇 마리가 되어야 할까?

nQuery Advisor 프로그램을 이용하여, 표 5.1에 나와 있는 것처럼 데이터를 입력할 수도 있다. 첫 번째 칼럼은 다음 조건으로 Swiss 마우스가 사용된다고 가정한다.

표 5.1 **두 가지 시료의 t-test에 대한 시료크기 결정을 위해 사용되는 nQuery Advisor의 출력결과** 상세정보는 본문을 참조할 것.

	Col. 1	Col. 2	Col. 3	Col. 4
Test significance level, α	0.050	0.050	0.050	0.050
1 or 2 sided test?	2	2	2	2
Group 1 mean, μ1	40.000	40.000	40.000	40.000
Group 2 mean, μ2	36.000	36.000	36.000	36.000
Difference in means, μ1-μ2	4.000	4.000	4.000	4.000
Common Standard deviation, σ	13.500	3.500	13.500	3.500
Effect size, = $\lvert\mu 1-\mu 2\rvert/\sigma$	0.296	1.143	0.296	1.143
Power(%)	90	90	14	94
n per group	241	18	20	20

- 5% 유의수준;
- 양측 검정(침엽수가 수면시간을 연장하는지 혹은 단축하는지 여부는 알려져 있지 않다);
- 활엽수 위에서 잠을 잔 마우스군은 약 40분 간 수면을 취하고, 침엽수 위에서 잠을 잔 마우스군은 약 36분(또는 44분) 간 수면을 취할 것이다. 10% 변화량;
- 표준편차는 2개 폐쇄군 집단의 평균인 13.5분이다;
- 검정력 90%가 지정되어 있다.

표 5.1에서 확인해볼 수 있는 바와 같이, 이것은 이 실험이 각 군당 241마리의 마우스를 필요로 하는 상당한 규모의 비용이 드는 실험이 되어야 함을 의미한다.

지정값을 바꾸면 수치를 낮출 수 있다. 검정력을 80%로 낮추고/낮추거나 주목하는 효과크기를 증가시킬 수 있다. 하지만, 이보다 좋은 대안은 BALB/c 근교계를 이용하여 동물간 변량(variation)을 낮추는 것이 될 것이다. 이것이 2번째 칼럼에 제시되어 있다. 여기서 주목할 점은, 사용된 표준편차가 다섯 가지 계통의 근교계간의 평균이라는 것이다(이 계통에서 실제로 확인된 2분이 아님). 이제, 이 실험은 군당 단지 18마리의 마우스를 배정하여 수행할 수 있게 되는데, 이는 가능하다면 근교계를 이용하여 변동성(variability)을 조절하는 것이 중요함을 제시해준다.

군당 20마리의 마우스로 실험을 수행하기로 정했다면, 두 가지 실험이 가지게 될 검정력이 얼마인지 확인해볼 수 있다. 이것이 3번째, 4번째 칼럼에 나와 있다. Swiss 마우스군을 이용하면, (나머지 지정값을 동일하게 유지한다고 가정한다면) 실험이 이 크기의 효과를 검출할 수 있는 가능성이 단지 14%인 반면에, BALB/c 마우스를 이용하면, 해당 효과를 검출할 가능성이 94%가 될 것이다.

실험을 수행한 결과 유의한 처리효과가 관찰되지 않았다면, 그 결과는 여전히 주목할만한 결과가 될 수 있다. 이러한 비유의성(Non-significance)은 실제로 처리효과가 없기 때문이거나 아니면, 해당 실험재료에 있어 주어진 변동폭에 대해 효과를 검출하기에 실험 규모가 너무 작기 때문이다. nQuery Advisor 등과 같은 프로그램을 이용해 실제 확인된 표준편차와 시료크기를 지정하여 해당 실험이 검출할 수 있는 효과크기가 얼마인지 확인하기 위해, 검정력 분석법을 활용할 수 있다. 검정력과 유의수준을 선택하면, 프로그램이 효과의 크기를 나타낼 것이다. 다른 방법으로는, 주목할 효과크기를 지정하면, 그 결과 검정력이 추정될 수 있다. 이 방식을 사용하면, 부(−)의 결과값이 정(+)의 결과값으로 전환되는 경우가 종종 있다.

앞서 언급한 바와 같이, 연속형 특성값에 대한 표준편차의 추정값이 없는 경우에는 검정력 분석법을 이용할 수 없다. 어떤 경우에는, 선행 연구나 문헌으로부터 이 값에 대한 정보를 얻을 수 있지만, 그렇지 않은 경우에는, 이러한 정보가 존재하지 않는다. 또한, 생물학적으로 주목할 만한 효과크기를 지정하기가 쉽지 않기 때문에, 여러 치료군을 수반하는 복잡한 실험에 대해 이를 적용하기 어렵기도 하다. 이런 상황에서는, 아래 논의되는 리소스 방정식법을 이용할 수 있다.

리소스 방정식법

The resource equation method

검정력 분석법이 가능하지 않거나 현실적으로 적용하기 어렵거나 적절하지 않을 때, 리소스 방정식법을 이용할 수 있다. 이 분석법의 주요 특성은 다음과 같다:

(1) 검정력 분석법의 적용이 어려운 복잡한 실험에 대해 적용하기 쉽다.

(2) 분산분석이나 *t-test*와 같은 모수적 방법을 통해 분석될 수 있는 정량적 데이터를 산출하는 실험에 한해 적합하다.

(3) 이 분석법은 실험의 규모를 특정값 이상으로 증가시키는 경우, 그로 인해 얻을 수 있는 추가 정보는 거의 없다는 '수확체감의 법칙(law of diminishing returns)'에 의존하고 있다.

(4) 표준편차 또는 생물학적으로 주목할 만한 효과크기의 추정값을 필요로 하지 않는다.

(5) 단, 이 분석법을 이용하면 검정력, 유의수준, 대립가설을 지정하지 않는다.

일반적으로, 이 분석법을 이용하게 되면 검정력 분석법에 비해 필요한 시료크기의 추정값이 작아지는 경향을 나타내므로, 임상시험 보다는 생물학적 실험과 같이 비교적 효과크기가 큰 것으로 생각되는 경우에 가장 적합하다. 실험의 목적이 치료효과 크기와 같은 일부 파라미터를 추정하는 것이라기보다는, 어떤 가설(예를 들어, 치료군 간에 차이가 없다)을 검정하는 경우에 가장 적절하게 이 분석법을 이용할 수 있다.

어떤 실험에 대해 이러한 분석법을 적용했다면, 이전 섹션에서 설명한 바와 같이 해당 실험이 지정된 효과를 검출할 수 있는 확률을 정량화하기 위해 검정력 분석법을 후향적으로 적용해볼 수 있다.

Mead(1988)의 '리소스 방정식'은 다음과 같다.:

$$E = N - T - B$$

위 식에서 E는 오차 자유도, N은 총 자유도 (즉, 실험개체 총 수 – 1), T는 처리(처치) 자유도 (처리조합 수 – 1), B는 블록(blocks) 자유도 (구속조건 수 – 1)를 의미한다.

구속조건을 사용하지 않는 실험의 경우에는: E = (실험개체 총 수) – (처리조합 수)가 되므로, 5개의 처리군과 군당 6마리의 랫드를 이용하는 실험의 경우, $E = 30 - 5$가 된다.

Mead(1988)는 일반적인 원칙으로서 E가 10–20 범위 내에 있어야 한다고 주장한다. 그의 주장에 따르면, E가 10 미만이면, 이 수치를 높여야 좋은 결과를 얻게 된다. 실질적으로 20 보다 크면, 자원을 낭비하게 된다. student *t-test*의 5% 임계값 곡선모양으로부터 이를 확인해볼 수 있다(그림 5.1). 1에서 10으로 오차 자유도(E)를 증가시키면, t 값이 크게 감소하게 되고, 이러한 감소폭은 통계적으로 유의한 정도가 될 것이다. 다만, E를 20이 넘게 크게 증가시키면 t의 임계값에 거의 변화가 없다.

이것이 어림셈법(rule-of-thumb method)이며, E가 20보다 큰 경우에 적합하다.

(1) 배양접시 내의 웰(well)이나 선충류와 같은 하등동물처럼 실험단위가 비용적으로 저렴하고 감각이 없어, 대규모 실험의 비용부담(금전적 비용과 동물의 고통 측면 모두)이 크지 않을 때

(2) 처리법, 두 가지 모두의 성별, 각기 다른 시점, 두 가지 이상의 유전형 등과 같은 여러 가지 요인들을 수반하는 복잡한 실험일 경우, 각 치료하위군에 동일한 수의 개체를 배정하는 방법으로 실험의 균형을 맞추는 것이 바람직할 때가 많으며, E가 20 이하로 엄격하게 고정된 경우에는 이렇게 하는 것이 불가능한 경우가 자주 있다. 그러한 경우에는, E의 범위를 최대 40 이상으로 설정하는 것이 허용될 수 있다.

(3) 실험의 목적이 (치료효과가 존재한다는) 가설검정에 있기 보다는,

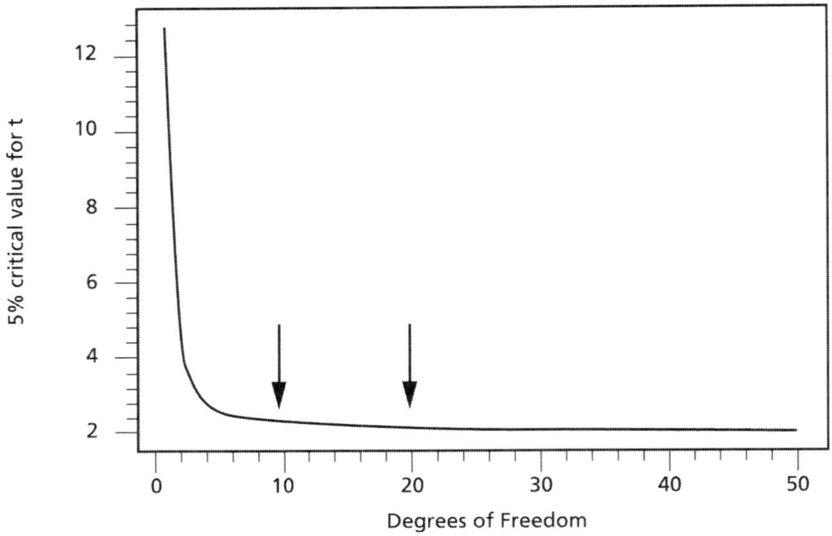

그림 5.1 자유도에 대해 그래프로 나타낸 student t 플롯의 5% 임계값 화살표는 10 자유도와 20 자유도 지점을 가리킨다. 약 20 자유도 이후에, 통계적 유의성을 위해 요구되는 *t* 값이 거의 감소하지 않는다는 점에 주목한다.

처리효과의 정도(크기)와 같은 어떤 모수의 정확한 추산에 있을 때. 또한, 작은 생물학적 효과(영향)가 실제로 주목하고 있는 부분인 경우, 시료크기를 증가시킬 필요가 있을 수 있다. 유전적 연관관계(genetic linkage) 연구가 좋은 예인데, 이러한 연구에서는 2개의 유전자 좌위가 서로 연관되어 있는지 여부에 주목하고 있는 것이 아니라, 이들이 얼마나 밀접하게 연관되어 있는지가 주안점이 된다. 이것은 연관관계 추정값이 실제 정확한 경우에 다수의 동물을 수반할 수 있다. 가능하다면, 그러한 실험의 규모는 리소스 방정식법을 사용하기 보다는 검정력 분석법을 통해 결정해야 한다.

예시

랫드를 대상으로 10가지의 혈액학적 매개변수(parameter)에 미치는 영향을 측정하기 위해 특정 화합물의 네 가지 용량농도를 수반하는 실험을 계획하였다고 가정해보자. 이 실험의 결과가 두 성별 모두와 두 가지 계통에 대해 유효한지를 확인하기 위해, 두 성별 모두와 두 가지 근교계 랫드 계통을 사용해야 하는 것으로 결정된다. 따라서, 이 실험은 종속변수가 10개인, 4(투여용량) × 2(성별) × 2(계통) = 16가지 처리조합을 사용하게 된다. 검정력 분석법을 이용해 이러한 실험을 설계하기는 어렵다.

리소스 방정식법을 이용하면, 군당 랫드 2마리 배정 시 $E = 32–16 = 16$이 된다. 군당 3마리 랫드를 배정하면 $E = 48–16 = 32$가 된다. 따라서, 이 방법은 총 32마리의 랫드를 이용하는 실험이 적당한 크기의 실험임을 말해준다. 이 때 주의할 점은, 많은 사람들이 군당 2마리의 동물을 이용해 실험을 수행한다는 생각에 반감을 가지고 있다는 사실이다. 하지만, 이것은 단일요인 설계에 비해 하위군당 훨씬 더 적은 수의 동물을 필요로 하는 요인설계에 해당한다.

이 실험에서 화합물의 네 가지 용량농도의 평균치(가장 주목하는 추정값)는 사실상 8마리의 랫드를 기준으로 하게 되며, 이는 비요인(non-factorial) 설계실험 시에 흔히 사용되는 수치와 일치하는 타당도를 보인다. 주목해야 할 점으로, 이 실험이 단순히 단일 성별 및 계통을 대상으로 네 가지 용량농도를 비교하고자 설계되었더라면, 이 분석법의 결과는 군당 4마리 내지 6마리의 랫드로 나타났을 것이다. 5마리 랫드를 이용하면, $E = 20 - 4 = 16$이다.

단시간 내에 32마리 랫드 모두의 혈액샘플을 채취하는 것이 쉽지 않을 수 있고, 일일주기 생체리듬(circadian rhythm)으로 인해 일정 기간 동안 혈액 매개변수에 변화가 있을 수도 있다는 점에서, 위 실험에 관한 문제점이 있을 수 있다. 이러한 문제는 실험의 정밀도를 떨어뜨리게 된다. 임의화 블록설계(제4장 참조)는 이러한 문제점을 완화시킬 수 있다. 이를테면 우선 오전에 (각 군으로부터 1마리씩) 16마리의 랫드에서 혈액샘플 채취를 하고, 나머지 16마리는 오후에 혈액샘플을 채취할 수 있다. 이 경우, $E = 31–15–1 = 15$이므로, 임의화 블록설계를 이용하면 완전 무작위배정 설계법을 적용한 경우보다 E값이 약간 더 작아질 것이다. 이것이 사실이지만, 임의화 블록설계를 적용함으로 인한 정밀도 증가는 크지 않은 오차자유도(E) 손실에 대한 보상보다 큰 경우가 보통이다.

여기서 주목할 점은, 앞서 논의된 수면시간 예의 경우, (표 5.1에 제시된 10%가 아닌) 15%를 효과크기로 하여 검정력 분석법을 이용한 군 크기의 추정값은 BALB/c 마우스를 이용하는 군당 9마리 마우스에서부터 Swiss 마우스를 이용하는 군당 108마리의 마우스(데이터 제시되지 않음)에 이르기까지 다양하였다. 리소스 방정식법을 이용하면, 동일 조건에서 시료크기 추정값으로 *E*가 약 20(최대값)이 되며, 이 결과값은 총 22마리의 마우스나 군당 11마리의 마우스를 이용하여 얻어지게 된다(*E* = [마우스 총 수] – [치료조합 수]). 이 방법을 이용하는 경우, 계통 간 변동성 차이를 고려하지 않게 된다. 검정력 분석법은 이미 알고 있는 조건으로 보다 용이하게 조정이 가능하긴 하지만, 동질유전자형(isogenic) 마우스를 사용한다고 가정할 때, 이 방법은 효과크기 15%에 대한 검정력 분석법과 거의 동일한 추정값을 산출한다.

시료크기에 대한 결론

Conclusion on sample size

어떤 실험에 가장 적합한 크기 결정이 결코 쉬운 일은 아니지만, 해당 연구의 과학적 목적을 달성하는 것과 일치하는 것으로써, 실험 규모를 가능한 작게 유지하는 것으로부터 얻는 중요한 장점이 있을 것이다. 과도하게 큰 규모의 실험은 윤리적으로도 바람직하지 않으며, 과학적 자원을 낭비하는 결과를 초래하기도 한다. 동일한 수의 동물을 이용해 한 가지 대신, 두 가지 실험을 수행할 수 있다면, 과학적 결과물이 증대될 것이고, 이는 결과적으로 실험동물과 과학적 자원을 절약할 수 있게 해준다.

가능하다면, 검정력 분석법을 이용하는 것이 일반으로 권장되지만, 그렇지 못할 경우에는 리소스 방정식을 사용하도록 한다. 어떤 경우에는, 두 가지 방법을 모두 사용할 수 있는데, 이 때 시료크기의 최종선택이 두 방법 간의 절충안이 되고 과거 경험을 어느 정도 고려할 수 있게 된다.

6

결과 제시 및 해석 그리고 결정
Presenting and interpreting the results and making decisions

서론
Introduction

결과데이터를 제시하는 방법을 매우 상세히 논하는 것은 불가능하다. 연구목적과 결과의 성격, 논문이 제출되는 학술저널에 따라 크게 달라지기 때문이다. 그러나 실험이 동물에게서 통증과 고통을 유발할 수 있다는 점에서, 결과데이터를 제대로 제시하고 이러한 데이터에 의해 결론이 충분하게 뒷받침되는 것이 필수적이다. 그렇지 않으면, 실험이 반복해서 수행될 수 있다.

실험동물에 대한 설명
Description of the animals

실험동물과 그들이 관리되고 있는 환경에 대해 충분히 기술해야 한다. 동물 종(species), 계통(strain)(가능하다면, 올바르고 국제적으로 합의된 명명법에 따라, 제2장 참조), 연령/월령, 체중, 성별, 건강상태, 케이지(caging), 깔짚(bedding), 식이, 온도, 습도, 광주기(light cycle)를 특히 언급해야 한다. 현재 적절하다고 간주되는 것이 무엇인지에 대한 보다 자세한 정보는, 학술저널 *Laboratory Animals*의 최근호에 실려 있는 '저자 주의사항(Notes to authors)'을 참고할 수 있다. 체액을 수거하기 위해 사용된 방법을 비롯해 각종 수술 조작법에 대해 충분히 상세한 설명을 제시해야 한다. 마취제 및 진통제 투여, 안락사를 위해 사용된 방법 등을 포함해 실험적 처치나 치료방법을 기술해야 한다. 인도적 종료시점의 기준 적용도 언급해야 한다.

자료수집과 통계분석

Data collection and statistical analysis

소량의 데이터는 일반적으로는, 실험계획서에 명시되어 있는 바와 같이, 실험이 진행되는 동안 기록서나 데이터시트에 수기로 기록한다. 주석내용에는 동물의 손실량이나 예상치 못한 발생사건 등을 포함해야 한다. 상대적으로 많은 양의 데이터는 기계나 스캐너 등에 의해 자동 생성되는 경우가 많으며, 디스크나 다른 매체 상에 전자적으로 저장된 파일이거나 하드카피 출력물의 형태일 수 있다.

이와 같은 데이터가 예를 들어, 혈액이나 다른 샘플에 대한 분석 결과로 얻은 경우에는, 개별 동물개체와의 연결 및 식별정보도 데이터 기록의 일부가 된다. 처리 및 동물 코드기록 등과 같은 원 데이터(original data)는 해당 실험의 명확한 기록을 제공해주므로 적절하게 보관되어야 하고 변경되지 말아야 한다.

통계분석에 앞서, 이 데이터를 전자포맷으로 변환해야 한다. 전용 통계 패키지로 옮기기 전에 스프레드시트를 이용할 수도 있고, 통계 패키지에 직접 데이터값을 입력할 수도 있다.

통계분석을 시작하기 전에 명백한 오류가 없는지 데이터 스크리닝을 실시해야 한다. 가장 적절한 방법은 해당 데이터의 성격에 따라 결정하되, 주요 목적은 모든 중대한 이상값(outliers)을 감지해내는 것이다. 이와 같은 이상값은 표기오류나 오타로 인한 것일 수 있다. 개별적 관측값 vs. 군 평균의 그래프 혹은 하나의 종속변수 vs. 다른 종속변수의 그래프가 도움이 된다. 예비 분산분석을 수행하여 잔차(residual) 도표를 살펴볼 수 있다. 이와 같은 도표들은 정상범위에서 벗어난 모든 이상값과 이탈값을 드러나게 하는 경우가 자주 있다. 그대로 정확하게 입력된 것인지를 확인하기 위해, 데이터 파일을 인쇄하여 원 데이터와 비교해볼 수 있다. 원 데이터 상의 관측값이 분석 시 변경되거나 생략되는 경우는, 그 사유를 명확하게 기재하고 필요한 경우 원 데이터를 상호참조할 수 있게 해야 한다. 데이터 변경 여부와 관계없이 통계분석을 수행할 수 있도록 이를 행해야 한다.

컴퓨터 상에서 이루어진 모든 통계분석은 인쇄출력이 되어야 하고, 분석 일자 및 분석담당자 이름을 주석으로 달아야 한다. 필요에 따라 향후 재분석을 실시할 수 있도록, 전체 분석결과를 해당 실험계획서 및 원 데이터와 함께 보존해야 한다.

결과 제시
Presentation of the results

결과를 제시하는 데 있어 목표는 가능한 명확하고 정확하게 데이터를 나타내는 것이다. 가능하다면, 원 데이터는 표나(극히 적은 데이터가 있는 경우), 도표, 산포도 등의 형태로 제시해야 한다. 원칙적으로, 통계분석에 앞서 데이터의 조작 정도를 최소화해야 한다. 가령, '정규화(Normalization)'와 일부 군 평균을 대조구의 백분율로 표기하는 것은 가능하면 피해야 한다. 보통은, 표준편차나 표준오차, 신뢰구간 등과 같은 몇몇 변량 척도와 함께 평균치와 비율을 제시해야 한다. Altman 등(2000)은 혼동을 피하기 위해, ± 기호를 쓰지 말고 평균값을 '9.6(SD 2.1) 단위'로 제시해야 한다고 주장한 바 있다.

가능하다면, 오차막대 그래프(error bar) 보다는 원 데이터를 제시해야 한다. 그림 6.1 및 그림 6.2는 동일 데이터에 대한 두 가지 그래프 형태를 나타낸 것이다. 그림 6.1은 그림 6.2에 비해 실제 널리 퍼져 있는 데이터점들에 대한 보다 사실적인 인상을 준다는 점에서 더 바람직하다.

표준편차(SD)는 개별 실험개체 간 변이(variation)을 표시한다. 표준편차는 그룹 내 개체수와는 관계가 없으며, 각 그룹 내 변이를 나타내는 것이 목적인 경우에 가장 적합하다. 단, 관측값의 수도 언급해야 한다. 잔차 플롯이 각 그룹 내 변량이 거의 동일하다는 것을 나타낸다면, ANOVA표 상의 오차 MS의 제곱근이 표준편차의 최적 추정값이 된다.

임의화 블록설계를 이용하는 경우, 표준편차에 대한 추정값은 ANOVA에서 오차 평균제곱의 제곱근으로부터 구해야 한다. 모든 실험

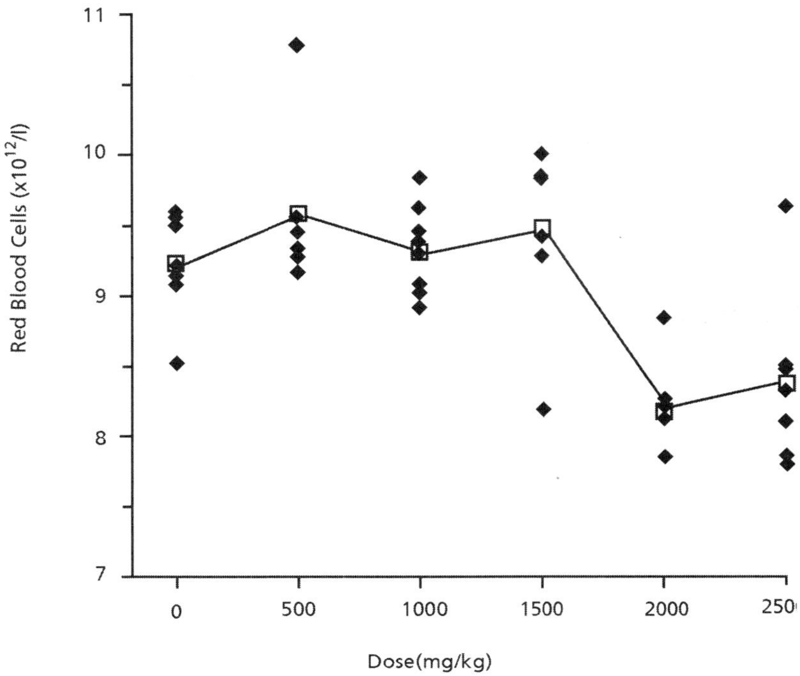

그림 6.1 다양한 용량농도로 잠재적으로 독성이 있는 화합물로 처리 후, 마우스에서 관찰된 적혈구 수 그래프는 각 용량농도에서 평균치가 선으로 연결되어 있는 개별 마우스 개체의 점수를 보여준다.

설계에서 잔차 플롯(제4장)을 사용하여 각 그룹에서의 변이가 거의 동일한지 여부를 나타내야 한다. 이렇게 한 다음에는, 역시 ANOVA에서 오차 평균제곱으로부터 얻은 합동 추정값(pooled estimate)이 최상의 표준편차 추정값이 되므로, 각 평균에 대해 서로 다른 표준편차를 추산하는 것은 무의미한 것으로 보인다.

그러나, 표준편차가 그룹 간에 차이가 있는 경우에는, 이것이 명확하게 표시되어야 한다.

평균의 표준오차(SEs 또는 'SEM'; 이와 같은 것이 SDs가 아님을 보다 명확하게 하기 위해 'M'을 붙여주는 것이 더 낫다)는 그룹 평균의 표준편차이다. 평균의 표준오차 크기는 각 그룹 내 표준편차와 개체수 '*N*'에 따라 달라진다. 이 값이 표준편차 보다 작아 '상대적으로 더 좋아 보인다는

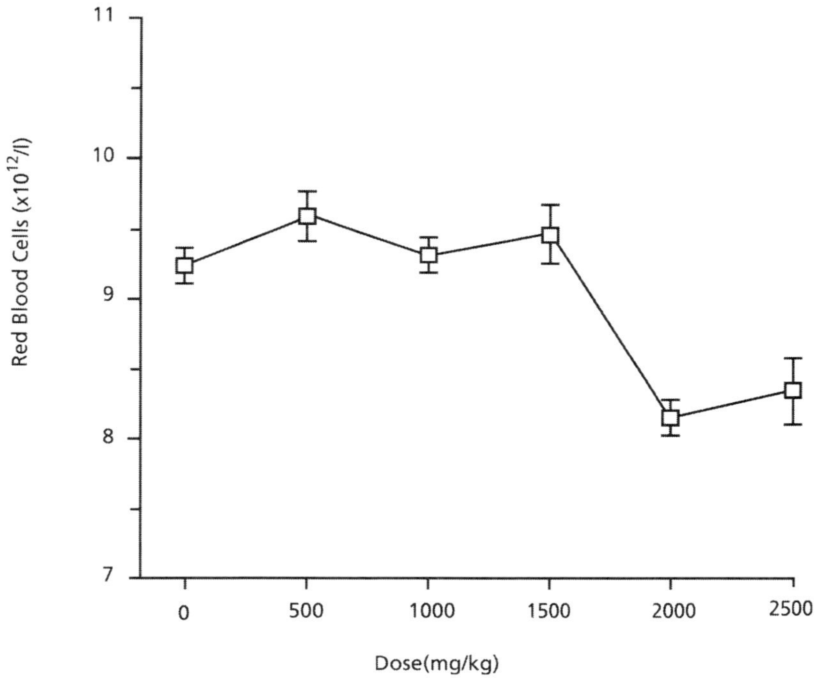

그림 6.2 그림 6.1과 동일한 데이터이며, 각 평균에 오차막대그래프 표시(±1 표준오차)가 되어 있다. 그림 6.1은 실제 데이터값을 보다 정확하게 나타낸다는 점에서 더 바람직하다. 이 그래프는 과학적 주안점이 될 수 있는 개체 간 변량을 알아보기 힘들게 한다.

(look better)' 이유로, 사람들이 이 값을 사용하는 경우가 간혹 있다. 이러한 주장은 타당성이 상당히 떨어진다. 평균의 표준오차(SEM)를 사용하면, 각 평균치에 대해 반드시 *N*을 명시해야 한다. 그러나, SEM을 이용해 2개의 평균에 유의한 차이가 있는지 여부를 판정하고자 하는 사람은 *t-test*를 수행해야만 하고, 따라서 SEM값 하나만으로는 그다지 도움이 되지 않으며 특히, *N*이 군 간에 큰 차이를 보일 때 더욱 그러하다. 통계분석의 일부분으로 이미 평균값을 비교했다면, SEM을 사용하는 것은 거의 무의미해 보인다. 이를테면, 5% 확률수준에서 평균에 유의한 차이가 있는지 여부를 표 상에 나타내는 것이 가장 바람직할 것이다.

신뢰구간(CI)은 그룹 내 개체수를 고려하면서 두 평균 간의 차 또는 어떤 평균값의 정밀도를 가장 잘 나타내준다. 이를테면 95% 신뢰구간을 제시하게 되면, 데이터 자료를 읽는 사람이 명시적으로 또는 그의 머릿속에서 *t*-*test*를 수행하는 수고를 덜어준다. 이러한 이유로, 신뢰구간은 표준편차나 표준오차에 비해 평균간 차 또는 평균값의 정밀도를 훨씬 잘 나타내주는 지표가 된다.

최소제곱평균(Least squares means)은 각 그룹 내 동등하지 않은 개체수를 이용하는 이원분산분석을 통해 산출할 수 있다. 이와 같은 값은 보다 큰 개체 수에 기반한 평균이 작은 개체 수에 기반한 평균보다 더 정확하다는 사실을 고려해야 한다. 그룹 크기가 서로 같지 않을 때, 이를 사용해야 한다.

비율(proportion) 및 백분율(percentage)도 평균과 마찬가지로 표준오차나 바람직하게는 신뢰구간 등과 같이 그 신뢰도의 어떤 추정값과 함께, 혹은 유의한 차이가 있는 것을 나타낼 수 있는 통계검정 결과를 보여주면서 제시되어야 한다. 대부분의 통계학 교재에는 공식이 주어진다 (Snedecor & Cochran 1980, Maxwell & Delaney 1989, Altman 1991).

$P < 0.05$이나 별표(*)의 사용 보다는, 정확한 *P*-값이 주어져야 한다. 이렇게 함으로써, $P = 0.056$일 때 효과가 '유의하지 않다'는 반론을 피할 수 있다. 생물학적 유의성과 통계적 유의성은 같은 것이 아님을 유념해야 한다.

대비(contrast) 즉, 특히 주목하고 있는 평균간 차는 설계단계에서 결정되어야 하고, 통계분석은 주로 모든 평균값의 사후(*post-hoc*) 비교를 이용하기 보다는 이와 같은 값을 조사하는데 목적을 두어야 한다. 용량-반응을 조사하는 중이라면, 각 용량투여군을 대조군과 비교하기 보다는, 적절한 회귀분석을 수행해야 한다. 용량투여군간 유의한 선형경향(linear trend)이 있는지 여부 및 반응에 있어 유의한 비선형성(non-linearity)이 존재하는지 여부를 확인하기 위해 ANOVA에서 이른 바 '직교대비(orthogonal contrast)' (제4장, Snedecor & Cochran 1980, Altman 1991)를 종종 이용할 수 있다. 하지만, 이러한 분석은 고급 컴퓨터 패키지를 제외하고는 대체로 이용할 수 없으므로, 통계전문가의 조언을 구해야 한다.

탐색적 연구 vs. 확증적 연구
Exploratory versus confirmatory studies

실험은 실험이 설계되는 시점에서 언급된 가설을 시험하기 위해(예, 확정실험) 그리고 실험이 수행된 후 변이들 간의 관계를 연구하기 위해(예, 탐색적 실험) 종종 설계되었다.

데이터의 많은 세트에 대한 탐색적 분석은 우연히 '유의적' 효과로 나타낼 수 있으며, Bonferroni 교정(Maxwell & Delaney 1989)을 이용하여 적절한 유의수준에서 이러한 효과를 설명하는 것은 종종 어렵다. 탐색적 데이터 분석은 그 주된 목적이 현재 실험으로부터 명확한 가설검정을 제공하는 것이라기보다는, 향후 실험에서 연구 가능한 가설을 제공하는 것이라는 점을 확실하게 이해한다면, 전적으로 인정될 수 있고 유용할 수 있다.

사람들은 보다 적은 개체 수에 근거한 표준편차(SD)나 평균의 표준오차(SEM)일수록 신뢰도가 떨어지고, 군당 적은 수의 동물을 사용하는 경우 논문심사위원들로부터 혹평을 받을 수 있다는 이유로, 이를 테면 군당 6마리 랫드를 가지고 실험설계를 하기도 한다. 이러한 생각은 확실히 지양해야 한다. 가능하다면, 본문에서 개략적으로 설명한 바와 같은 검정력 분석법이나 리소스 방정식법을 적용하여 시료크기를 결정해야 하고, 어떤 경우라도 표준편차의 합동추정값을 사용해야 한다.

변환된 데이터
Transformed data

*t-test*나 ANOVA 같은 모수적 방법을 이용해 분석을 실시하기 전에 데이터를 변형해야 하는 경우가 있다. 가령, 체액 내 물질(또는 기질)의 농도가 로그 정규분포를 나타내는 경우가 종종 있는데, 이러한 분포는 개별 관측값의 $\log_{10}$나 $\log_e$를 취함으로써 정규화될 수 있다. 수치 중 다수가 20% 미만 또는 80% 초과인 백분율 데이터에 대해서는 각도 변환

(angular transformation)(Snedecor & Cochran 1980)을 사용해야 할 수 있으며, 평균카운트 수가 비교적 적고 그 결과 데이터가 포아송 분포(Poisson distribution)를 나타내는 카운트 수에 대해서는 제곱근 변환이 적절하다. 그러나 사람들은 이와 같은 척도에 익숙하지 않아, 로그나 제곱근 척도로 나타내는 평균값에 반론을 제기할 수 있다. 이러한 상황에서는, 변환된 척도로 분석을 실시해야 하되, 그 결과는 주어진 통계적 유의성 표시와 함께 원래의 척도로 제시해야 한다. 경우에 따라, 로그변환이 사용되었다면 안티로그(antilog)를 이용해 평균치 변환 값을 다시 원래의 척도로 되돌리는 과정이 수반된다.

다수의 종속변수

Many dependent variables

어떤 실험은 두 가지 이상의 종속변수를 수반한다. 예를 들어, 혈액학적 측정과 혈액 생화학적 측정을 포함하는 실험은 적혈구(red blood cells), 헤마토크릿(hematocrit), 림프구(lymphocytes) 등을 비롯해 10-20가지 이상의 종속변수를 가질 수 있다.

mRNA에서의 변화를 평가하고자 유전자어레이(gene array)을 이용한 최신연구에서는, 실험개체별로 측정된 수천 개의 종속변수가 수반될 수도 있다. 이런 사실이 여기서 논의된 여러 유형의 설계 필요성을 제거해 주지는 못한다. 이러한 연구들은 '주성분 분석기법(principal components analysis)', '판별함수 분석기법(discriminant function analysis)', 그리고 변수간 관계를 고려하여 결과를 해석할 수 있는 수준으로 다량의 원 데이터를 축소시키는 것이 가능한 다양한 군집화(clustering) 기법 등과 같은 특수한 다변량 통계분석기법을 필요로 하는 경우가 많다. 이와 같은 분석기법들은 통계 자문이 필요한 전문화된 방법이다.

표와 그림

Tables and figures

표와 그림은 가능한 명확하게 정보를 전달할 수 있도록 설계되어야 한다. 컴퓨터가 소수점 자리가 많은 수치를 대량으로 쏟아내는 경우가 종종 있다. 하지만, 대다수의 경우, (하나의 수치에서 왼쪽에부터) 2자리나 3자리의 유효숫자면 충분하다. 동일한 행(row) 보다는, 동일한 열(column) 안에 있는 한 세트의 평균값을 비교하기가 더 쉽다. 평균이 열 안에 제시되어 있을 때, 표준편차는 다른 열에 있어야 하고 동일 열이 아닌 다른 행에 있어야 한다. 막대그래프는 소수의 평균값에 대한 표에 비해 많은 공간을 차지하는 경우가 많아, 꼭 필요한 경우에만 사용해야 한다.

결정 내리기

Making decisions

실험적 연구의 설계, 수행, 결과해석의 많은 단계에서 다양한 결정이 내려진다. 보통 이런 결정 중에서 대부분은 처리군의 수를 결정하는 것처럼 연구자의 경험 및 훈련교육에 따라 주관적인 기준에 근거하여 내려진다. 어떤 경우, 실험의 성과에 영향을 미칠 수 있는 중요한 결정은 규제당국(보건당국)에서 내리거나, 실험동물을 보호하기 위한 법률에 맡겨지기도 한다. 경우에 따라서는, 실험을 계속할 것인지 여부에 대한 결정이 필요할 수도 있다. 대개, 임상시험은 '맹검(눈가림)' 하에 진행되지만, 처리군 간 큰 차이가 있는 경우에는 중간단계에서 맹검이 해제된 결과를 누군가 보게 되는 경우가 종종 있는데, 이런 경우에는 실험이 종결될 수 있다. 순차설계를 이용하는 경우, 지속 여부에 대한 결정으로 실험설계가 만들어진다.

그러나, 많은 경우 결과를 토대로 결정에 도달한다는 뚜렷한 목적을 가지고 실험을 셋업 한다. 따라서, 실험이 항원이나 백신 등과 같이 생물학적 제제의 상대적 역가를 나타낼 수도 있고, 또는 어떤 화학물질이 발암성인가 여부를 판별하기 위해 설계될 수도 있고, 아니면 후속 연구를 위해 한 가지를 선택하려는 목적으로 두 가지 수술법의 비교를 수반할 수도 있다. 이와 같은 실험결과를 해석함에 있어, 발생할 수 있는 일종의 통계적 오류(오차)를 이해하고 이와 연관하여 발생할 수 있는 비용을 감안하는 것이 중요하다. 이 경우, '통계적 오류(statistical error)'라는 말은 잘못 설계되었거나 분석된 실험으로부터 발생되는 오류를 의미하는 것이 아니라, 실험이 잘 설계되어 분석되는 경우에도 발생할 수 있는 일련의 오류를 뜻한다. 이에 대해서는 아래에서 논의하기로 한다.

고정효과의 선택과 연관될 수 있는 실수

Mistakes that may be associated with choice of fixed effects

모든 실험에서는, 실험결과에 영향을 미칠 수 있는 다수의 변수에 대해 결정을 내리게 된다. 그 예로써, 화학물질 X가 발암물질인지 아닌지 여부에 관한 연구처럼 단일요인 실험을 생각해보자. 이 실험은 특정한 종(species)이나 계통, 성별 및 연령 또는 체중을 지닌 실험대상 동물들을 선택하는 과정을 수반하게 된다. 이런 동물들은 무리를 지어 혹은 개체별도 단독으로 케이지에 수용되어 사육되는데, 케이지에는 특정 깔짚재료를 깔아주고, 특정 식이를 사료로 공급한다. 실험 종료 시에는, 적절한 통계검정법(statistical test)을 이용해 대조군의 암 발생률을 처리군의 암 발생률과 비교하는데, 이 결과로부터 해당 화학물질이 발암물질인지 여부에 대한 결론을 도출하게 된다. 결과에 대한 신뢰한계(confidence limit)도 추정할 수 있다. 일부의 경우에서는, 인간에게서 사실상 암을 유발하지 않는 것으로 생각되는 용량 농도로 외삽하고자 하는 시험에서 고도로 정교한 통계기법이 사용된다.

그러나, 서로 다른 종, 계통, 성별, 식이, 깔짚재료 또는 동물 그룹배정을 조건으로 하여 동일한 결론에 도달할 수 있을지 여부를 확인할 수 있는 통계검정은 없다. 이와 같은 변수 중 어떤 것도 실험결과에 현저한 변화를 초래할 수 있기 때문이다. 보다 민감한 계통은 강도가 약한 발암물질에도 양성(positive)의 결과를 낳기 쉽고, 상대적으로 민감도가 떨어지는 계통은 적당히 강한 발암물질조차도 검출하지 못할 수 있으며, 이 외의 다른 많은 변수에 대해서도 마찬가지다. 매우 많은 고정요인의 영향(효과)이 아직 탐색된 바 없어 알려지지 않은 경우에, 무해용량(no-effect level)으로 외삽하기 위해, 정교하고 복잡한 통계기법을 사용하는 것은 맞지 않는다.

엄격히 말해, 침엽수 깔짚에서 단독 케이지에 수용된 수컷 F344 랫드를 대상으로 수행한 실험결과는 동일한 방식으로 수용된 다른 수컷 F344 랫드에 대해서만 예측적 경향을 나타낸다고 할 수 있다. 하지만, 실험이 이처럼 엄격하게 해석되었다면, 과학의 진보가 이루어지지 않았을 것이다. 잠재적 발암물질에 대한 랫드의 반응은 인간에 대한 위험성을 평가하기 위한 주된 도구 중 하나이다. 연구자(과학자) 그리고 통계전문가가 해야 할 일은 이런 문제에 대해 좀 더 생각해보는 것이다. 자신들의 실험결과에 영향을 미칠 수 있는 변수의 영향을 제4장에서 논의한 요인실험설계 등을 이용해 탐구해볼 수 있다. 이러한 과정은 보통 더 많은 동물을 사용하지 않고도 수행할 수 있으며, 유용하고 신뢰할 수 있는 결과를 낳을 수 있다. 요인 중 하나가 결과에 영향을 미치지 않는다면, 이를 연구에 포함시킴으로써 잃게 되는 것은 아무것도 없다. 군을 통합(pool)할 수 있으므로, 시료크기에는 사실상 변화가 없다. 단, 요인 중 하나가 결과에 영향을 준다면, 최종 결과해석 시에 이를 고려사항으로 간주해야 한다.

잘못된 결정을 내리는 데에 따른 대가도 고려해야만 한다. 연구자가 민감하지 않은 랫드 계통을 사용했기 때문에 인간 발암물질이 검출되지 않았다면, 사회와 개인, 어쩌면 해당 화학물질의 제조업체까지도 관련된 대가가 돌아가게 될 것이다.

임의효과와 연관된 실수: 통계적 오류
Mistakes associated with random effects: statistical errors

잘 설계된 실험이라고 해도, 표집오차로 인해 개별 실험의 해석에 있어 실수가 발생할 수 있다. 가령, 화합물 X가 발암성인지 여부를 (단순성을 위해) 대조군과 처리군을 이용해 판별하고자 랫드를 이용한 한 실험을 준비 한다고 가정해보자. 귀무가설(H_0)은 처리군간 차이가 없다는 것이고, 대립가설은 차이가 있다는 것이다(이 화합물이 항암작용을 할 수 있기 때문에 양측검정). 사실인 '실제 상황(state of nature)'과 해당 실험으로부터 도출될 수 있는 결론이 표 6.1에 나와 있다.

표 6.1 가설검정 시 통계처리 상의 오류

State of nature	Conclusion	
	Reject H_0	Accept H_0
H_0 is true	Type I error	Correct decision
H_0 is false	Correct decision	Type II error

해당 화합물이 실제 발암물질이고 실험결과도 이렇게 나왔다면, 혹은 실제 발암물질이 아니고 실험결과도 이와 일치하게 나왔다면, 옳은 결론이 도출될 것이다. 실험이 발암물질을 올바르게 확인하게 될 가능성을 민감도(*sensitivity*)라 부르고, 비발암물질이라는 음성(negative) 결과를 올바르게 산출할 가능성을 검정 특이성(*specificity*)이라 부른다. 그러나, 비발암물질에 해당하지만 표집변동으로 인해 처리군 내 암이 발병한 동물이 유의하게 더 많다면, 그 결과는 유의성(거짓-양성, false-positive) 결론 즉, '타입 I(Type I)' 오류가 된다. 마찬가지로, 우연한 표집효과로 인해 실험이 실제적인 발암물질을 검출해내지 못하는 경우에는, 거짓-음성(false-negative) 결론 즉, 타입 II(Type II) 오류가 도출될 것이다.

해당 화학물질에 대해 무엇을 할지 결정에 도달함에 있어, 타입 I 오류와 타입 II 오류 모두의 확률을 알고 있는 것이 중요하다. 일차 근사값으로써, 타입 I 오류율은 유의수준을 통해 결정되므로, 보통의 경우 문제가 되지 않는다. 5% 유의수준에서 결과값이 유의하다면, 이는 유의성(거짓-양성, false-positive) 결과일 가능성이 5%, 그렇지 않은 가능성이 95%라는 것을 의미한다. 타입 II 오류율은 1 – (검정력)인데, 여기서 검정력은 제5장에 정의되어 있는 바와 같다. 따라서, 실험결과 종양 수의 유의한 증가가 발견되지 않는 다면, 실험은 실험의 규모, 유의수준, 표준편차(정량적 특성값에 대한), 검정 종류, 종양 수에 특별한 증가를 검출하도록 하는 검정력을 결정하기 위해 검정력 분석법을 수행할 수 있다. 이에 따라, 이것이 거짓-음성 결과일 가능성을 추정할 수 있으나, 이런 경우가 드물다는 사실을 반드시 인정해야 한다.

몇몇 경우에는, 실험에 포함되어 있지 않은 추가적인 정보가 확보되어 이와 같은 확률을 수정할 수 있다. 전통적인 통계기법에서는, 기존의 지식을 고려하지 않는다. 각 경주마에 대한 승산이 정확히 똑같은 경마경주에 내기를 거는(베팅하는) 것과 약간 유사하다. 하지만, 각 경주마의 과거이력에 관한 사전 정보를 확보할 수 있었다면, 내기에 이길 가능성이 현저히 높아졌을 것이다. 이와 마찬가지로, 잠재적인 발암물질과 관련하여 화합물 X와 같은 화합물이 극히 드물게 발암성이 있다는 확실한 증거가 있을 수 있다. 시험대상의 유사 화학물질 200가지 중 단 20가지가 발암성인 것으로 밝혀졌다는 사실을 제시할 수 있는 정보를 아마도 확보 가능할 것이다. 그러므로, 실험에 착수하기 앞서, 승산비(odds)는 발암물질인 화학물질에 대해 9 : 1이 된다. 이러한 상황에서, 해당 화합물이 발암물질일 사전 확률에 관한 정보와 실험으로부터 얻은 결과를 결합하기 위해 베이즈식 정리(Bayes theorem)(Altman 1991)를 이용하는 것이 유용한 경우가 있다. 이러한 접근법에 대한 논의는 이 책의 적용범위를 벗어나 있지만, 베이즈식 통계기법의 보다 광범위한 활용을 강력히 주장하는 통계학자가 많이 존재한다.

안타깝게도, 많은 통계학 교재에서 이와 같은 통계기법을 다루고 있지 않고, 베이즈식 통계학에 관한 입문서 내용이 매우 수학적이라 대다수의 생물학자들에 대한 접근성이 떨어지는 경우가 많다.

7

결론: 연구과제 종합하기

Concluding remarks: putting the project together

본 장에서는 주어진 과제를 효과적이면서 경제적으로 전개할 수 있는 방법을 제안하고자 한다.

1. 연구문제, 가설, 모형

Questions, hypotheses and models

대부분 연구과제는 어떤 아이디어(idea)로부터 시작된다. 새로운 기술적 진보로 과거에는 기술적으로 실현할 수 없었던 연구과제를 수행할 수 있게 되었다. 즉, 연구는 이전에는 특별히 중요하거나 관련이 있다고 여기지 않아 왔었던 새로운 연구분야의 장을 열어주게 되었다.

아이디어를 이끌어내는 것은 과학적 연구의 가장 창의적인 부분 중 하나로써, 관련 문헌에 대한 탁월한 지식, 기술적 진보에 대한 이해, 관심분야에 가지를 치고 있는 학문분야에서 진행 경과에 대한 지식이 필요하다. 학제 간 상호보완을 통한 발전이 중요한 진보로 이어지는 경우도 많다.

일단 어떤 아이디어를 이끌어내서 동료 연구자들과 논의를 펼친 다음에는, 다루어야 할 필요가 있는 연구문제와 가설을 세우기 시작할 수 있고 적용할 모델이나 기법 등을 고려할 수 있다. 이것은 아마도 동물 보다는 하등생물이나 *in vitro* 방법을 고려할 필요가 있는 단계이다. 동물 사용이 불가피하다고 결정이 되면 실험동물 전문가에게 동물 종 선택에 대해 상담을 받아야 할 것이다. 마우스나 랫드를 사용해야 한다면, 계통, 유전형, 미생물학적 품질의 선택에 대해 생각해야 한다. 수술방법이 사용되어야 하는 경우는, 동물수술, 마취, 진통제에 관한 전문가들과 이를 논의해볼 필요가 있다. 해당 연구에 감염성 생물체가 수반된다면, 알맞은 격리시설이 필요할 것이다.

2. 윤리적 수용가능성

Ethical acceptability

이 단계에서는 아마도 영국 내무부와 같은 규제기관과 사전 논의가 이루어져야 할 것이다. 이런 규제기관에서는 해당 과제가 윤리적으로 용납가능할 것으로 보이는지 여부를 대략적으로 알려줄 수 있으며, 용납되지 않을 것으로 판단되는 경우, 수용가능성이 보다 높은 대안적 접근법을 제시해줄 수도 있다. 수반되는 대가가 동물들에게 주어지는 통증이나 고통, 스트레스 또는 지속적 위해(lasting harm)를 준다면 여러 종류의 비용편익분석(cost/benefit analysis)을 고려할 필요가 있을 것이고, 여기서 편익은 연구과제가 성공적으로 이루어져 인간이나 다른 동물에게 잠재적으로 유익하게 될 확률에 해당한다.

제안된 과제가 연구비 지원을 받기 전, 이 단계에서 해당 지역의 윤리심의를 받아야 하는지 여부는 (영국에서는 ERP, 미국에서는 IACUC) 논란의 여지가 있다. 한편으로는, 과제가 심의과정을 통과하기만 하면, 연구비 지원단체들은 해당 과제의 윤리적 수용가능성이 더 높다는 것을 알게 될 수 있다. 반면에, 연구비 지원을 받지 못하면, 노력이 허사가 될 것이다.

3. 예비실험설계

Designing some preliminary experiments

대조군 실험이 항상 필요한 것은 아니다. 예측효과가 크다면, 적은 수의 동물을 사용할 수 있다. (비록 종료시점 기준으로서 이를 피해야 할 수는 있지만) 단기간 내 사망과 같이 명백한 결과에 대해서는, 이러한 기간 내에 동물들이 자연적으로 사망하지 않는 것이 보통이므로 대개 대조군이 필요없다. 마찬가지로, 어떤 형질전환유전자(transgene)가 표현형에 분명한 효과를 가지는 경우, 이 경우에는 적어도 명백한 차이와 관련하여 정상 대조군과 비교하기 위한 형식적인 실험이 필요 없을 것이다. 반면에, 어떤 효과는 생물학적으로 주목할만한 하지만, 너무 감지하기가 힘들어 신중하게 설계된 대규모 실험이라고 해도 검출하기 어려울 수 있다. 연구비 지원에 앞서 이런 실험의 일부를 상세히 계획할 필요가 있을 수 있다. 연구비지원단체는 실험동물을 사용하는 윤리적 문제에 점점 더 큰 관심을 갖고 있으므로, 연구자가 실험설계 및 통계처리에 대해서는 물론 가장 적절한 동물 종과 계통의 선정을 중요하게 생각했는지 확인하고자 할 것이다.

실험계획서가 복잡한 경우에는, 모든 일이 예상대로 진행된다는 것을 보장하기 위해 아주 적은 수의 동물을 이용해 예비시험(pilot study)부터 시작하는 것이 좋은 생각이 될 수 있다. 예비시험 결과는 발표할 수 있는 경우가 드물지만, 많은 경우에 실험계획서의 일부분이 잘못 설계되어 있거나 부적절했다는 점에서 실험동물들이 헛되이 희생되지 않음을 보장해줄 것이다.

실제 규모(full-scale)의 본격적인 1차 실험을 계획해야 할 수도 있는데, 이 때 가급적이면 통계전문가의 자문을 받도록 해야 한다. 검정할 가설을 언급해야 하고 치료군과 종속변수를 지정해야 한다. 요인설계의 사용을 고려해야 한다. 서로 다른 근교계간 선택이 가능한 경우에는, 향후 연구에 가장 적절한 계통을 확인하기 위해 두 가지 이상의 계통을 사용할 수 있다.

완전 무작위배정 또는 임의화 블록 또는 반복된 측정척도와 같은 실험설계를 지정할 필요가 있다. 수집할 데이터의 유형을 고려해야 하는데, 적용될 통계기법이 이것과 실험설계로 결정되기 때문이다. 이상적으로는, 예상되는 유형의 무작위 데이터가 산출되어야 하고 이것이 타당하다는 것을 보장하기 위해 통계분석을 수행해야 한다. 분석을 복잡하게 만들 수 있는 동물의 손실을 비롯한 실수가 발생할 수 있는 것들을 고려해야 한다.

4. 연구비 지원

Funding

대부분의 경우, 이 단계에서 연구비 지원을 모색하게 된다. 성공여부는 아이디어의 과학적 질과 제안된 연구문제, 가설, 사용될 모델계(model system)에 따라 크게 좌우된다. 그러나 앞서 언급했듯이, 연구비지원단체들은 이미 윤리심의과정을 통해 이루어진 신청 건들에 보다 치중할 수 있다.

5. 본격적인 연구 착수

Starting work

해당 연구가 연구비 획득 전이나 후에 윤리심의과정을 거쳤다는 가정 하에, 이제 실제 연구가 시작된다. 영국에서 활동하는 연구자들은 동물(과학적 절차)법 1986(Animals(Scientific Procedures) Act 1986)에 의거 내무부의 개인과 과제에 대한 허가증을 보유하고 있어야 한다. 이에 관한 자세한 사항은 내무부 웹사이트(*www.homeoffice.gov.uk/ccpd/aps.htm*)에 제시되어 있다. 이외의 유럽 및 미국의 연구자들은 각기 자신의 국가 내 법규를 고려해야 한다. 허가증을 획득하려면 승인된 교육훈련 강좌에 출석해야 한다.

실험기기, 실험실 공간, 동물 수용공간을 확보해야 한다. 시약과 동물을 주문해야 한다. 동물이 다른 연구소나 상업적 사육업체(breeder)로부터 공급되는 경우에는, 동물의 건강상태를 체크하여 동물을 통해 새로운 질병이 들어오지 않도록 한다. 동물시설 담당직원이 적절한 준비를 하는데 도움을 줄 것이다. 동물은 또한 검역을 받게 될 수도 있다. 신뢰할만한 출처로부터 동물을 제공받았다고 하더라도, 동물들이 새로운 주위환경에 적응하는 스트레스를 극복할 수 있도록 보통 1-2주 동안 순화기간을 가져야 한다. 스트레스를 받은 동물들은 신뢰할 수 없는 결과를 낳을 수 있다.

동물을 위한 공간 할당은 대부분의 규제 가이드라인 및 실무규범(Canadian Council on Animal Care 1989, Home Office 1995, Institute of Laboratory Animal Resources 1996)에서 제시하고 있는 조건과 동등하거나 그 이상이어야 한다. 환경적 엔리치먼트를 어느 정도 생각해야 한다. 마우스나 랫드처럼 무리를 이루며 사는 종들은 대체로 무리지어 수용하나, 수컷 마우스의 경우에는 서로 싸울 수 있어 반드시 분리시켜 놓아야 한다. '가구비품(furniture)'을 추가하여 케이지 환경의 복잡성을 증가시키는 경우가 종종 있다. 다양한 종류가 시중에서 구매 가능하다.

상세한 실험프로토콜 및 표준업무절차서(SOPs)를 마련하고 동물사육실 담당직원과 이에 대해 논의를 한 다음에는 통계전문가에 의한 검토를 거쳐야 한다. 일단 모든 일이 순서대로 이루어진다면, 일차 예비시험을 수행할 수 있다. 필요하다면, 그 결과를 사용해 일차 본시험을 수정할 수 있다. 마침내, 일차 본시험을 시작할 수 있게 된다.

6. 후속연구

Subsequent studies

필요한 경우 후속 실험을 수정할 수 있도록 각 연구는 완료되자마자 분석해야 한다. 실험전략은 다양하지만, 많은 경우 개별 실험은 그 실험이 시작되기 전에 명확하게 언급한 비교적 간단한 가설을 검정하도록 셋업된다. 하지만, 일단 해당 분석을 수행한 다음에는, 해당 실험에서 추가 조사를 위한 가설을 제시할 수 있는 예상치 못한 결과를 얻는지 여부를 알아보기 위해 보다 탐색적인 데이터 분석을 진행할 가치가 있는 경우가 종종 있다. 따라서, 각 실험을 이용해 한 가지 또는 여러 가지 가설을 확인하거나 반박하고, 다른 가설들을 탐색하도록 한다.

후속 실험에 수반되는 새로운 원칙은 없지만, 많은 경우 이와 같은 실험들은 크게 비판적인 동료검토(peer review) 및 윤리심의를 받지 않으므로 기준을 그대로 지키는 것에 주의를 기울여야 한다. 동물사육실 담당직원 및 통계전문가와 좋은 업무관계를 돈독히 해야 할 필요가 있다. 업무의 질(quality)을 유지해야 하는 경우, 새로운 실험실 또는 동물사육실 직원은 교육훈련을 필요로 할 수도 있다.

7. 논문/보고서 작성

Writing it up

마지막 단계는, 논문 발표를 위해 또는 규제기관이나 허가기관에 대해 연구 결과를 기록 작성하여 제출하는 것이다. 작은 규모의 예비시험은 대개 그 목적이 보다 확정적인 실험을 개선하는 것인 경우에 면제되기도 하지만, 문서로 작성되지 않은 실험은 헛되이 동물을 희생시키는 경우가 많다. 여기에서는, 제6장에서 논의한 몇 가지 사항을 고려할 필요가 있다. 흥미로운 긍정적 결과는 부정적 결과에 비해 확실히 더 쉽게 인정을 받는다.

그러나, 부정적 결과는 중요하고 경우에 따라서는 검정력 분석법을 이용해 긍정적인 진술로 바뀔 수 있다. 논문심사위원 및 논문에디터들은 양질의 동물과 잘 설계된 실험, 훌륭한 통계분석, 인도적 세부사항에 대한 세심한 배려, 결과 데이터에 의해 충분히 뒷받침되는 주장들에 감명을 받기 마련이다. 선명한 텍스트, 잘 배치된 표, 적절한 그래프 및 도표 삽입은 영향력이 높은 학술저널에 의한 채택가능성을 높이는데 도움이 된다.

8

통계학의 이해를 위한 기초

추출된 표본으로부터 통계량의 값을 계산하고 이것을 이용하여 모집단의 특성(예, 쥐들의 학습능력)에 대하여 알고자 할 때 통계적 추론 문제가 제기된다. 표본자료를 분석함으로써 모수(모집단을 대표하는 값)에 대한 결론을 도출하는 과정을 통계적 추론이라 한다. 추론은 모수의 추정과 통계적 가설검정과 같이 목적에 따라 두 가지 유형으로 나눌 수 있다. 추정에는 표본을 이용하여 모집단의 어떤 미지의 값을 하나의 값으로 추정하는 점추정과 모수가 포함된다고 기대할 수 있는 구간을 추정하는 구간추정이 있으며, 표본자료가 모수의 참값에 대한 조사자의 추측(conjecture)을 뒷받침하는지 또는 반증하는지를 결정해야 할 때 사용하는 통계적 가설검정이 있다.

추정

점추정

모집단을 대표하는 값들 중 대표적인 모수인 평균, 분산, 표준편차에 대한 점추정을 알아보고자 할 때, 모평균(모집단의 평균)은 가장 많이 사용되는 모수이다. 모수의 추정에 사용하는 통계량을 추정량이라 하며 대표적인 추정량으로는 표본 평균, 표본 분산, 표본 표준편차가 있다. 또한 점추정에서는 모수를 하나의 값으로 추정하므로 정밀도에 관한 언급이 필요하며, 정밀도의 측도를 나타내기 위하여 추정량의 표준편차인 표준오차(standard error, SE)를 사용한다. 예를 들어 마우스들의 평균 학습능력을 알고자 한다면 9마리 마우스들의 학습능력을 나타내는 관측 값을 얻고 표본 평균(246.16)과 표준오차(3.60)를 이용하여 전체 마우스들의 평균 학습능력으로 추정하는 것이 점추정이다.

구간추정

점추정과 같이 하나의 값으로 모수를 추정하는 대신에 모수의 참값이 포함될 것으로 기대되는 구간을 구하는 것이 더 바람직할 때가 많다. 가장 이상적인 것은 표본을 추출하고 이 표본을 이용하여 모수의 참값이 언제나 포함되는 구간을 구하는 것이다. 그러나, 이것은 표본간의 변동 때문에 불가능하며, 그 대신 계산된 구간이 모수의 참값을 포함할 확률을 명시하게 된다. 이 확률을 신뢰수준(level of confidence)이라 하며 통상 0.90, 0.95, 0.99 등을 택하게 된다. 9마리 마우스들의 학습능력의 표본평균(246.16)과 표준오차(3.60), 신뢰수준 0.95를 이용하여 전체 마우스들의 평균 학습능력이 포함되리라고 95% 신뢰할 수 있는 구간(237.80, 254.42)을 구하는 것이 구간추정이다. 구해진 신뢰구간을 이용하여 마우스들의 평균 학습능력 정도를 추측할 수 있다. 신뢰수준은 실험자나 분석자에 의하여 조정될 수 있다.

가설검정

어떤 모수에 관한 주장이나 추측 등을 표본자료로부터의 증거에 의하여 증명하고자 할 때 통계적 가설검정의 문제가 제기된다. 통계학에서는 이론치와 차이가 확률적인 오차의 범위를 넘어 오류라고 판단되어 질 때 가설을 기각(reject) 한다고 한다. 가설검정 문제에 있어서 다음의 용어에 대한 통계적 개념과 쓰임새를 예를 들어 설명해 보도록 한다.

- 귀무가설(null hypothesis)과 대립가설(alternative hypothesis)
- 제1종 오류(Type I error)와 제2종 오류(Type II error)
- 유의수준(level of significance)
- 기각역(rejection region)
- P-값(P-value)

[문제] 운동시킨 마우스의 학습능력은 좋아지는가?(수치가 낮을수록 좋은 학습능력을 나타낸다)

어떤 동물학자는 운동과 마우스의 학습능력(미로 통과시간)에 관한 연구를 하는 중이다. 운동을 하지 않았을 때 쥐의 학습능력은 평균 $\mu = 240$(초), 표준편차 $\sigma = 24$(초)를 가진다고 알려져 있다. 이 동물학자는 운동을 하면 학습능력이 좋아질 것이라고 믿고 있다. 이를 증명하기 위하여, 쥐 38마리를 임의 추출한 다음 운동을 시키고 학습능력을 측정한 다음 표본평균 $\overline{X}$을 계산한다고 하자. 실제 모평균(μ)이 240 (초)보다 작다는 주장을 통계적으로 증명하기 위해서 이 결과를 어떻게 이용하여야 하는가?

제기된 주장의 타당성을 검정할 때, 통계학자들은 귀무가설(null hypothesis)과 대립가설(alternative hypothesis)이란 용어를 사용한다. 증명을 필요로 하는 주장을 대립가설(H_1)이라 하고 이 가설과 대립되는 가설을 귀무가설(H_0)이라 한다.

검정 문제 H_0 : 쥐의 학습능력의 평균은 240이다($\mu = 240$)

H_1 : 쥐의 학습능력의 평균은 240보다 작다($\mu < 240$)

귀무가설(H_0)은 "아무런 차이가 없다" 또는 "전혀 효과가 없다"는 내용을 의미하는 주장이고, 대립가설(H_1)은 "차이가 있다" 또는 "효과가 있다"는 귀무가설의 반대 개념으로 생각하면 된다.

'H_0을 기각한다는 것'은 'H_1이 맞다는 것을 증명한다는 것'이고, 반면 'H_0을 기각하지 못한다는 것'은 'H_1이 맞다는 것을 증명하지 못한다는 것'이다. 여기서 중요한 점은 H_0을 기각한다는 결정은 강력한 증거가 있을 때만 내린다는 것이다. 만일 그 증거가 강력하지 않다면 제기된 주장(H_1)은 받아들여질 수 없다. 기각여부는 기각역을 이용하거나 뒤에서 설명할 유의수준과 유의확률을 이용한다. 기각역(critical region)이란, H_0가 기각되는 영역으로 검정 통계량(H_0와 H_1 중 한 가설을 선택하는데 이용되는 통계량)이 기각역에 속하게 되면 H_0가 기각됨을 의미한다. H_0을 기각할 것인가 말 것인가를 결정하는 기준으로 임의로 추출된 38마리 학습능력 측정값으로부터 계산된 표본평균 $\overline{X}$을 사용하는 것이 당연해

보인다. 이때 $\overline{X}$의 값이 작을 때 H_0을 기각하고 따라서 H_1이 맞다고 할 수 있을 것이다. 그러므로 '$\overline{X} \leq c$이면 H_0을 기각하고, $\overline{X} > c$이면 H_0을 기각하지 않는다.'라고 할 수 있다.

n이 충분히 클 때 모집단의 분포가 무엇이든지 관계없이 $\overline{X}$의 분포는 근사적으로 평균이 μ이고 표준편차가 $\sigma/\sqrt{n}$인 정규분포를 따른다는 사실을 알고 있다. 여기서 $n=35$이고 표준편차는 기존과 동일하게 $\sigma=24$(초)이라 가정하자. 그러면, $\mu=240$일 때 $\overline{X}$의 분포는 (근사적으로) $N(240, \frac{24^2}{35})$이 되고 이를 표준화한

$$Z=\frac{\overline{X}-240}{24/\sqrt{35}}$$

는 $N(0,\ 1)$분포를 따르게 된다. $P[Z \leq -1.645]=0.05$이므로 기각치 c는

$$c=240-1.645(24/\sqrt{35})=240-6.67=233.33$$

이 된다. 이제 결정법칙은 완전하게 정해졌으며 그 기각역은 $R: \overline{X} \leq 233.33$이 되고 이 기각역에 의해 잘못 H_0을 기각하게 될 확률은 $\alpha=0.05$이다.

기각역을 $\overline{X}$로 표현하는 대신, 표준화된 통계량 Z를 이용하여 표현할 수 있다.

$$Z=\frac{\overline{X}-\mu_0}{\sigma/\sqrt{n}}=\frac{\overline{X}-240}{24/\sqrt{35}}$$

이므로 기각역은 R: $Z \leq -1.645$가 된다. $\overline{X}$에 의한 기각치 c는 몇 단계의 계산이 필요하지만, 통계프로그램을 이용하면 더욱 편리하다.

일반적으로 σ을 모르기 때문에 추정량인 표본표준편차 $\sqrt{S^2}$ 을 사용하게 되면 $t=\frac{\overline{X}-\mu}{S/\sqrt{n}}$, $S^2=\frac{1}{n-1}\sum_{i=1}^{n}(X_i-\overline{X})^2$이고 검정통계량 t의

분포는 자유도 $n-1$인 t-분포(Student's t-distribution with n-1 degrees of freedom)를 따른다.

오류

기각역을 만드는 기준, 오차 허용범위는 분석자가 설정할 수 있으며, 이를 설명하기 위해 가설검정에서 사용되는 두 종류의 오류에 대하여 이해해야 한다.

표본에 의한 결정	미지의 실제 상황	
	H_0 참 ($\mu = 240$)	H_1 참 ($\mu < 240$)
H_0 기각	H_0을 잘못 기각함 (제1종 오류)	옳은 결정
H_0 채택	옳은 결정	H_0를 잘못 채택함 (제2종 오류)

이를 요약하자면:

제1종 오류: H_0가 참인데 H_0를 기각함
제2종 오류: H_1이 참인데 H_1를 기각하지 않음
α = 제1종 오류를 범할 확률 (유의수준)
β = 제2종 오류를 범할 확률

일반적으로 검정을 할 때는 제1종의 오류가 일어날 확률을 어느 수준 α 이하로 고정하고 제2종의 오류가 일어날 확률을 될 수 있는 한 작게 하는 방법을 취하고 있다. 여기서 α는 제1종의 오류를 범할 확률의 최대 허용한계를 의미하는 것으로 유의수준(significance level, α)라 하며 가설을 기각 혹은 채택하는 기준이 된다. 유의수준으로 0.01, 0.05, 0.1이 주로 사용된다.

유의 확률

관측된 검정 통계량을 근거로 H_0을 기각할 수 있는 최소의 유의수준을

유의확률(significance probability) 또는 P-값이라고 한다. 아주 작은 P-값은 H_0에 대한 강력한 기각을 나타내고 따라서 검정 결과는 통계적으로 높은 유의성을 갖는다(highly statistically significant). 유의확률과 유의수준을 비교하여 H_0의 채택 여부를 다음과 같이 나타낸다.

P-값 < α이면 H_0을 기각

P-값 > α이면 H_0을 채택

다음은 통계적 가설검정의 주요 절차들을 요약한 것이다.

가설검정의 단계

(1) 귀무가설 H_0과 대립가설 H_1을 명확히 한다.
(2) 검정 기준: 검정통계량과 기각역의 형태를 정한다.
(3) 주어진 α에 대하여 기각역을 완전히 결정한다.
(4) 자료를 이용하여 검정 통계량의 값을 계산한다.
(5) 결론의 유도: 주어진 α에서 H_0가 기각되는지 아닌지를 정하고 실제 문제와 관련하여 결론을 해석한다. 또한, P-값을 계산하여 이 결론을 보다 강하게 하는 것도 좋은 통계적 습관이다.

일반적으로 많이 사용되는 가설검정의 분석기법 중 집단간의 평균을 비교하는 방법에 대해서 알아보기로 한다.

가설의 종류

가설은 설정하는 방법에 따라 다음과 같이 양측가설과 단측가설로 나눌 수 있다. 예를 들면 실험에 사용되는 마우스의 평균 학습능력(μ)이 240(초)인가를 알아보기 위하여 다음과 같이 가설을 설정할 수 있다.

양측가설

$H_0 : \mu = 240$ 대 $H_0 : \mu \neq 240$ (양측 검정)

단측가설

$$H_0 : \mu = 240 \text{ 대 } H_0 : \mu < 240 \text{ (좌측 검정)}$$

$$H_0 : \mu = 240 \text{ 대 } H_0 : \mu > 240 \text{ (우측 검정)}$$

일표본 가설검정

한 그룹에 대한 평균을 검정하는 방법을 다루기 위하여 일표본에 대하여 모평균의 특정한 값을 갖는지를 검정하는 방법으로 예를 들면 운동을 하지 않은 마우스들의 학습능력을 다음과 같이 얻었다.

238 250 246 258 251 259 252 230 231

위의 자료를 가지고 운동을 하지 않은 쥐들의 평균 학습능력은 240이라 할 수 있는지 유의수준 5%에서 검정하고자 한다면 가설은 다음과 같이 설정할 수 있다(양측 검정).

H_0 : 마우스 학습능력의 평균은 240이다($\mu = 240$)

H_1 : 마우스 학습능력의 평균은 240이 아니다($\mu \neq 240$)

이 자료를 이용하여 단일표본 t-검정을 하면 다음과 같은 결과를 얻을 수 있다.

	N	평균	표준편차	평균의 표준오차
학습능력	9	246.1111	10.81023	3.60341

	검정값 = 240					
					차이의 95% 신뢰구간	
	t	자유도	유의확률 (양쪽)	평균차	하한	상한
학습능력	1.696	8	.128	6.11111	-2.1984	14.4206

이 SPSS 결과에 의하면 학습능력의 표본 평균은 246.111이고, 95%의 신뢰구간은 (240 − 2.1984, 240+14.4206) = (237.8016, 254.4206)으로

나타났다. 가설을 검정하기 위한 검정 통계량은 1.696, 자유도는 8이고 유의확률은 0.128로 유의수준 0.05보다 크게 나타났으므로, 유의수준 $\alpha = 0.05$에서 H_0을 기각할 수 없다. 따라서 마우스들의 학습능력은 240이라고 할 수 있다.

두 모집단 처리에 대한 비교 분석

하나의 모집단에 대한 특성을 비교하는 것 보다는 현실에서는 2개 이상의 모집단에 관한 특성을 비교하는 것이 요구된다. 두 모집단의 특성을 비교하는 연구에서 가장 기본적인 두 가지 실험 계획법은 독립표본(완전 확률화)과 대응표본(쌍내에서 확률화) 계획법이다.

독립표본의 경우에는 대상을 임의로 두 집단으로 나누어질 때 한 집단을 처리 1로, 다른 집단은 처리 2로 둔다. 서로 관련이 없는 두 집단에 각각 처리를 하고 반응값을 측정하기 때문에 두 처리의 반응값들은 서로 관련이 없다. 그 결과 각 처리의 관측값들은 각각의 모집단으로부터의 표본으로 생각될 수 있고, 두 처리의 비교는 두 모분포의 비교라고 말할 수 있다.

대응표본에 있어서 실험대상은 대응 쌍으로 선택되므로 대응 쌍에서의 원소는 비슷하지만, 다른 쌍에서의 원소는 실질적으로 다르다. 각 쌍에서 하나의 실험단위는 처리 1을 받게 되고 다른 실험단위는 처리 2를 받게 된다.

독립표본

독립표본에서 두 집단 혹은 두 처리의 비교 연구를 위한 통계적 방법을 다루고자 한다. 독립표본에서는 $n_1 + n_2$개의 실험대상이 랜덤하게 두 집단으로 나누어지고 반응값이 기록된다. 처리 1에서 수많은 실험단위들에 대하여 반응값을 기록한다고 할 때 그 반응값들의 모임을 모집단 1이라고 하고, 처리 2에서의 반응값들의 모임을 모집단 2라고 생각할 수 있다.

독립표본은 두 모집단으로부터 관련이 없는 확률표본을 만들어 내는 것으로 생각할 수 있다.

모집단 1	⇒	n_1개의 표본을 추출
모집단 2	⇒	n_2개의 표본을 추출

신뢰구간을 만들거나 가설을 검정하기 위해서는 데이터에 대한 통계적 모형을 구체화하여야 한다.

통계 모형: 독립확률표본

(1) $X_1, X_2, \cdots, X_{n_1}$은 평균이 μ_1이고 표준편차가 σ_1인 모집단 1에서 크기가 n_1인 확률표본이다.

(2) $Y_1, Y_2, \cdots, Y_{n_2}$는 평균이 μ_2이고 표준편차가 σ_2인 모집단 2에서 크기가 n_2인 확률표본이다.

(3) 표본은 독립이다. 달리 표현하면 하나의 처리에서의 반응값은 다른 처리에서의 반응값과는 아무 관련이 없다.

두 처리 혹은 두 모집단의 평균 반응값을 비교하고자 한다. 즉, 모수

$$\mu_1 - \mu_2 = (\text{모집단 1의 평균}) - (\text{모집단 2의 평균})$$

을 추론해 보고자 한다.

대표본에서의 추론

$\mu_1 - \mu_2$에 관한 추론은 자연히 표본평균의 차인 $\overline{X} - \overline{Y}$에 근거를 두게 된다. 표본의 크기 n_1과 n_2가 클 때는(30보다 클 경우), $\overline{X}$와 $\overline{Y}$는 각각 근사적인 정규분포를 따르고 $\overline{X} - \overline{Y}$도 근사적인 정규분포를 따른다. 그들의 평균과 분산은 다음과 같다.

평균: $E(\overline{X} - \overline{Y}) = \mu_1 - \mu_2$

분산: $\text{Var}(\overline{X}-\overline{Y}) = \dfrac{\sigma_1^2}{n_1}+\dfrac{\sigma_2^2}{n_2}$

표준오차: $\text{S.E.}\ (\overline{X}-\overline{Y}) = \sqrt{\dfrac{\sigma_1^2}{n_1}+\dfrac{\sigma_2^2}{n_2}}$

n_1과 n_2가 둘 다 클 때는 σ_1^2와 σ_2^2의 추정값인

$$s_1^2=\frac{1}{n_1-1}\sum_{i=1}^{n_1}(X_i-\overline{X})^2 \qquad s_2^2=\frac{1}{n_2-1}\sum_{i=1}^{n_2}(Y_i-\overline{Y})^2$$

로 치환하여도 정규 근사는 변하지 않는다. 즉, 표본의 크기 n_1과 n_2가 클 때,

$$Z=\frac{(\overline{X}-\overline{Y})-(\mu_1-\mu_2)}{\sqrt{\dfrac{s_1^2}{n_1}+\dfrac{s_2^2}{n_2}}}$$

는 근사적으로 N(0,1)이다.

소표본에서의 추론

소표본에서 적절한 추론을 하기 위해서는 보다 많은 분포 구조가 필요하게 된다. 모집단의 분포에 대한 다음의 가정이 만족되는 경우 소표본의 추론과정을 소개하고자 한다.

소표본에서의 가정

(a) $X_1, X_2, \cdots, X_{n_1}$은 N($\mu_1, \sigma^2$)으로부터의 확률표본이다.

(b) $Y_1, Y_2, \cdots, Y_{n_2}$는 N($\mu_2, \sigma^2$)으로부터의 확률표본이다.

(주의: 두 분포가 동일한 분산 σ^2을 갖고 있음을 유의하라.)

(c) $X_1, X_2, \cdots, X_{n_1}$과 $Y_1, Y_2, \cdots, Y_{n_2}$는 독립이다.

$\overline{X}-\overline{Y}$의 평균과 분산은 다음과 같다.

$$\overline{X}-\overline{Y}\text{의 평균} = E[\overline{X}-\overline{Y}] = \mu_1-\mu_2$$

$$\overline{X}-\overline{Y}\text{의 분산} = \frac{\sigma^2}{n_1}+\frac{\sigma^2}{n_2} = \sigma^2\left(\frac{1}{n_1}+\frac{1}{n_2}\right).$$

분산 σ^2은 두 표본의 정보를 결합함으로써 추정될 수 있다. 특히 $\sum_{i=1}^{n_1}(X_i-\overline{X})^2$은 편차 $X_i-\overline{X}$의 합이 0이므로 σ^2에 관한 n_1-1개의 정보를 결합시킨 것이다. 이와는 독립적으로 $\sum_{i=1}^{n_2}(Y_i-\overline{Y})^2$는 σ^2에 대한 (n_2-1)개의 정보를 포함하고 있다.

두 집단의 분포는 공통 분산 σ^2을 가지므로, σ^2의 합동 추정치(pooled estimator)는 두 집단의 자료 전체를 이용하여 구하는 것이 더 정밀한 결과를 얻을 수 있다. 즉, 앞의 두 통계량을 결합시켜 추정치를 구한다. 우선 두 집단의 자료들의 편차의 제곱합

$$\sum(X_i-\overline{X})^2+\sum(Y_i-\overline{Y})^2$$

을 구한 후, 각 자유도의 합 $(n_1-1)+(n_2-1)=n_1+n_2-2$으로 나누어 준 값을 σ^2의 합동 추정치로 한다.

합동 추정치 $s_{pooled}^2 = \dfrac{\sum_{i=1}^{n_1}(X_i-\overline{X})^2+\sum_{i=1}^{n_2}(Y_i-\overline{Y})^2}{n_1+n_2-2}$로 한다. 공통 표준편차 σ 대신 합동 추정치인 $\sqrt{s_{pooled}^2}$를 사용하여 $\mu_1-\mu_2$의 추론에 검정통계량 $t = \dfrac{(\overline{X}-\overline{Y})-(\mu_1-\mu_2)}{s_{pooled}\sqrt{\dfrac{1}{n_1}+\dfrac{1}{n_2}}}$은 자유도가 n_1+n_2-2인 t-분포를 따른다.

[문제] 운동이 마우스의 학습능력에 미치는 영향을 알아보기 위하여 비운동집단과 운동집단을 통하여 학습능력을 다음과 같이 측정하였다.

학습능력									
비운동집단	238	250	246	258	251	259	252	230	231
운동집단	216	241	227	228	238	229	242	212	221

운동집단이 비운동집단보다 학습능력이 좋다고 할 수 있는지를 유의수준 5%에서 알고자 한다면 다음과 같이 가설을 설정할 수 있다. (수치가 낮을수록 좋은 학습능력을 나타낸다.)

가설 (단측가설)

H_0 : 두 집단의 학습능력의 차이는 없다.($\mu_{비운동} - \mu_{운동} = 0$)

H_1 : 운동집단이 비운동집단보다 학습능력이 좋다.($\mu_{비운동} - \mu_{운동} > 0$)

집단통계량

	운동여부	N	평균	표준편차	평균의 표준오차
학습능력	비운동집단	9	246.1111	10.81023	3.60341
	운동집단	9	228.2222	10.69787	3.56596

독립표본 검정

		Levene의 등분산 검정		평균의 동일성에 대한 t-검정						
		F	유의확률	t	자유도	유의확률 (양쪽)	평균차	차이의 표준오차	차이의 95% 신뢰구간 하한	차이의 95% 신뢰구간 상한
학습능력	등분산이 가정됨	.035	.853	3.529	16	.003	17.889	5.0706	7.1419	28.6359
	등분산이 가정되지 않음			3.529	15.998	.003	17.889	5.0696	7.1418	28.6360

두 모집단의 분산이 같은지를 검정하기 위하여 등분산 검정의 SPSS 결과(Levere의 등분산 검정)에서 유의확률 0.853이 유의수준 0.05보다 크기 때문에 H_0 : 두 모집단의 분산은 같다는 가설을 기각할 수 없다. 두 모집단의 분산은 같다고 할 수 있으므로 등분산이 가정된 경우 평균의 동일성에 대한 t-검정에서 검정통계량은 3.529, 자유도 16이고, 유의

확률은 0.003/2 = 0.0015이 유의수준 0.05보다 작으므로 운동집단이 비운동집단보다 학습능력이 좋다고 할 수 있다. 만약 등분산 검정에서 등분산이 가정되지 않으면 검정 결과의 '등분산 가정되지 않음'부분을 이용하여 검정한다.

대응표본

두 모집단의 평균을 비교할 때 비교대상의 쌍들을 조사하고 각 쌍내에서의 차를 이용하여 추론하는 방법을 말한다. 실험단위들의 유사성과 다양성이라는 서로 상반되는 요구조건을 절충할 수 있는 근본적 개념으로 대응 혹은 블록화의 개념이 있다. 그 과정은 실험단위를 쌍 별 혹은 블록별로 선택하여 각 블록 내의 실험단위는 유사하고 블록간의 실험단위는 유사하지 않도록 한다. 각 블록에서 하나의 단위는 처리 1로 하고 다른 단위는 처리 2로 한다. 이러한 과정을 통해 각 블록 내에서 비교의 효율성을 유지하고 다른 블록에 존재하는 조건들의 차이점을 허용한다. 표본을 선택하는데 있어서 편의를 없애기 위해 처리는 각 쌍에 임의로 할당되어야 한다.

대응비교

대응쌍	실험	단위
1	2	1
2	1	2
3	1	2
.	.	.
.	.	.
.	.	.
n	2	1

대응비교에서 실험단위의 대응값은 다음 사항에 영향을 받는다.

(1) 블록(쌍)에서의 주요 조건

(2) 처리 효과

대응비교에서 데이터의 구조

쌍	처리 1	처리 2	차
1	X_1	Y_1	$D_1 = X_1 - Y_1$
2	X_2	Y_2	$D_2 = X_2 - Y_2$
·	·	·	·
·	·	·	·
·	·	·	·
n	X_n	Y_n	$D_n = X_n - Y_n$

차 $D_1, D_2, \cdots, D_n$은 확률표본이다.

통계량:

$$\overline{D} = \frac{1}{n}\sum_{i=1}^{n} D_i \quad S_D^2 = \frac{1}{n-1}\sum_{i=1}^{n}(D_i - \overline{D})^2$$

귀무가설 $H_0 : F$ (처리의 평균차이) = F_0에 대한 검정의 검정통계량 $t = \dfrac{\overline{D} - f_0}{S_D / \sqrt{n}}$은 자유도 $n-1$인 t-분포를 따른다.

[문제] 국제 환경연구회가 1978년 발간한 학술잡지에는 벨기에의 서부지역에서 공장지대가 환경에 미치는 영향에 관한 연구결과가 발표되어있다. 그 일대 방목되는 가축들의 소변에서 불소의 농도를 방목초기와 일정기간 후에 측정하기로 하고, 11마리를 랜덤 추출하여 조사한 결과로 미루어 공장지대에서 일정기간 방목된 가축의 소변에 나타나는 불소의 농도가 떨어진다는 증거를 유의수준 5%에서 알아보기 위하여 다음과 같은 가설을 설정할 수 있다.

표 8.1 방목초기와 일정기간 후 불소 농도

	불소농도										
	1	2	3	4	5	6	7	8	9	10	11
방목초기	24.7	46.1	18.5	29.5	26.3	33.9	23.1	20.7	18.0	19.3	23.0
일정기간 후	12.4	14.1	7.6	9.5	19.7	10.6	9.1	11.5	13.3	8.3	15.0

가설 (단측가설)

H_0 : 방목초기와 일정기간 후 가축소변의 불소농도 간에 차이가 없다.($\mu_{전} - \mu_{후} = 0$)

H_1 : 방목초기 보다 일정기간 후 가축소변의 불소농도가 떨어졌다. ($\mu_{전} - \mu_{후} > 0$)

대응표본 검정

		대응차					t	자유도	유의확률 (양쪽)
		평균	표준편차	평균의 표준오차	차이의 95% 신뢰구간 하한	차이의 95% 신뢰구간 상한			
대응 1	방목초기 - 일정기간 후	13.8181	8.1726	2.4641	8.32774	19.30862	5.608	10	.000

대응표본 t-검정 SPSS 결과 방목초기와 일정기간 후의 평균불소농도의 차이가 13.8181, 검정통계량 5.608, 자유도 10이고, 유의확률 0.000이 유의수준 0.05보다 작으므로 방목초기 보다 일정기간 후 가축소변의 불소농도가 떨어졌다고 할 수 있다. 대응비교는 각 개체에 대응 쌍 자료가 있어야하기 때문에 각 그룹의 자료 수는 같아야하지만 독립표본은 독립된 두 그룹을 고려하는 것이므로 각 그룹의 자료수가 다를 수 있다.

9

동물실험계획 승인신청서의 작성

동물실험계획 승인신청서 작성 전 고려사항

연구자들은 동물실험설계 이후 동물실험윤리위원회 혹은 실험동물운영위원회(IACUC)의 승인을 획득하기 위하여 동물실험계획 승인신청서를 작성하여야 한다. 그러나 승인신청서를 작성하기 전 반드시 다음의 사항을 고려하여야 한다.

(1) **철저한 선행조사 실시**

- 이전에 유사한 동물실험이 수행되었는지(중복실험) 여부 검토
- 동물실험 이외에 대체방법이 존재하는지 고려
- 통계학적으로 유의한 동물 수를 사용하여 설계되었는지 고려
- 적절한 실험동물의 종류 및 계통 선택 등
- 실험기법, 실험기간 등 설정

(2) **사전 보고 또는 기관생물안전위원회(IBC)사전 승인 등 관련 서류 첨부**

- 생물학적 위해물질을 이용 경우 식약처 사전보고
- IBC승인이 필요한 과제는 사전 승인을 확보하였는지 검토

(3) **동물실험환경(시설 및 내부 규정)에 대한 고려**

- 동물실험의 목적을 달성하기에 적합한 시설
- 사육자와 연구자에게 안전한 사육 및 실험환경
- 연구결과의 신뢰성 증진을 위한 동물실험기술 및 동물품질
- 폐기물의 적절한 관리 및 처리

(4) **동물실험 원칙 준수**

- 동물실험 수행 인력 숙련도(교육) 정도
- 동물에 가해지는 고통 및 통증의 최소화 고려
- 인도적 종료시점에 대한 설정 고려

동물실험계획 승인신청서 작성

일반적으로 동물실험계획 승인신청서 양식은 식품의약품안전처와 농림축산식품부에서 공동으로 발행한 "IACUC 표준운영가이드라인(2011년 10월)"에서 제시하고 있으나 이를 기반으로 기관별로 실정에 맞도록 변형하여 사용하고 있다. 동물실험계획 승인신청서는 일반사항, 연구 및 실험개요로 크게 구분되며 다음과 같은 내용을 포함한다.

(1) **일반사항**

과제명, 실험기간, 실험구분, 연구책임자 인적사항, 연구원 인적사항, 실험동물정보, 생물학적 위해물질의 사용여부 등

(2) **연구 및 실험개요**

연구목적, 동물실험의 필요성, 동물실험을 대체할 수 있는 방법의 유무, 해당동물과 종을 선택한 합리적 이유, 사용 동물수에 대한 합리적 근거, 실험방법 개요, 특별한 주거 및 사육조건의 필요 유무, 동물이 경험하는 스트레스의 정도, 고통등급 D에 해당하는 동물실험에서 동물의 통증 혹은 스트레스 경감을 위한 방법, 고통등급 E에 해당하는 동물실험을 수행하는 이유, 윤리적 측면에서의 인도적 종료시점 기준, 안락사 방법, 실험자를 위한 작업환경의 안전성 확보여부 등

일반사항

(1) **과제명**

과제명은 반드시 수행하는 연구과제와 일치해야 하는 것은 아니며, 동물실험에 해당하는 적절한 과제명을 제시하여야 한다. 과제명에는 반드시 동물실험에서 사용되는 핵심단어가 포함되도록 작성하는 것이 심사자들의 이해를 돕는 데 도움이 된다.

(2) **실험기간**

실험기간은 실험동물의 도입 후 검역기간, 순응기간을 포함해야하므로 충분히 여유 있게 설정하여야 한다. 기본적으로, 표준가이드라인에서는

1년을 실험기간으로 설정하도록 하고 있으며, 2번의 연장신청이 가능하도록 하여 총 3년을 수행할 수 있도록 권장하고 있다.

(3) 실험구분

실험계획은 크게 '신규'와 '계속'으로 구분하며, 계속의 경우에는 반드시 이전에 승인받았던 신청서의 승인번호를 기입하여야 한다.

(4) 연구책임자

연구책임자는 동물실험의 총괄책임자를 말하며, 반드시 연구과제의 책임자와 일치할 필요는 없으나 대부분의 경우 연구과제책임자와 동물실험책임자가 일치하는 경우가 많다. 연구책임자는 반드시 동물실험윤리위원회에서 주최하는 교육을 이수하여 이수번호를 부여받아야 한다.

(5) 동물실험 수행자

동물실험 수행자는 실제 동물실험을 수행하는 자로서 학생, 연구원, 실험동물기술원 등이 해당될 수 있으며, 반드시 동물실험윤리위원회에서 주최하는 교육을 이수하여 이수번호를 부여받아야 한다.

(6) 실험동물

여기에는 실험에 사용되는 실험동물에 대한 정확한 정보를 기술하여야 한다. 실험동물의 종류, 정확한 계통명, 성별 및 수량, 체중 혹은 주령, 미생물학적 등급, 사육장소의 미생물관리 등급, 동물구입처를 기술한다. 특히, 식품의약품안전처에 등록된 동물실험시설에서는 「실험동물에 관한 법률」에서 우선등록대상으로 지정된 9종(마우스, 랫드, 햄스터, 저빌, 기니피그, 토끼, 개, 돼지, 원숭이)에 한해 식품의약품안전처 등록 실험동물 공급 업체에서 구입하여야 한다.

(7) 생물학적 위해물질의 사용여부 및 병원체

「실험동물에 관한 법률」에 따라 제1군, 제2군, 제3군감염병 병원체를 이용하여 동물실험을 수행하는 경우 혹은 제3, 4위험군 병원체를 이용한 동물실험을 수행하는 경우에는 반드시 식품의약품안전처에 사전 보고를 하여야 한다.

동물실험계획 승인신청서

1. 일반사항 **심의번호:**

과 제 명	(국 문)
	(영 문)
실험 기간	위원회 승인 일 이후 ~ 년 월 일 (총 일/주/개월)
실험구분	☐ 신규 ☐ 계속 (구 계획서 승인번호:)

연구 책임자	성 명		소 속		직 위	
	연락처		휴대폰		E-mail	
	전공/학위		교육이수	☐ 기관자체교육(일자: , 이수번호:) ☐ 정부주관교육(일자: , 이수번호:)		
동물실험 수행자 (1)	성 명		소 속		직 위	
	연락처		휴대폰		E-mail	
	전공/학위		교육이수	☐ 기관자체교육(일자: , 이수번호:) ☐ 정부주관교육(일자: , 이수번호:)		
동물실험 수행자 (2)	성 명		소 속		직 위	
	연락처		휴대폰		E-mail	
	전공/학위		교육이수	☐ 기관자체교육(일자: , 이수번호:) ☐ 정부주관교육(일자: , 이수번호:)		

실험동물	동물종류	☐ 마우스 ☐ 랫드 ☐ 토끼 ☐ 기니피그 기타 ( )	미생물학적 등급	☐SPF ☐준SPF(Clean) ☐일반(Conv.)☐기타( )
			사육 희망 장소	☑ *barrier구역* ☐ *Semi-barrier구역* ☐ *일반구역*
	계 통		반입 예정일	년 월 일
	성별/수량	♂: ♀:	동물 구입처	※식품의약품안전청에 등록된 실험동물공급업체이어야 합니다.
	체중/주령	gram/ 주령		

생물학적 위해물질의 사용 여부 및 병원체 (생물학적 위해물질 사용 시 식약청에 사전 보고할 것)		
☐ 사용하지 않음		
☐ 사용함	위험군 분류	☐ 제3위험군(병원체:) ☐ 제4위험군 (병원체:) ※「생명공학육성법」 제15조 및 같은 법 시행령 제15조에 따라 보건복지부장관이 작성한 실험지침에 따름
	병원체 분류	☐ 제1군감염병 (병원체:) ☐ 제2군감염병(병원체:) ☐ 제3군감염병 (병원체:) ※「감염병의 예방 및 관리에 관한 법률」 제2조에 따름

연구 및 실험개요

(1) 연구목적

연구목적에는 연구배경, 연구가치, 실험설계, 예상성과 등을 일반인이 이해할 수 있는 수준으로 쉽고, 구체적으로 기재하여야 한다. 또한, 연구과제의 수행과 목적달성을 위하여 동물실험이 필수적이며, 타당한가를 평가할 수 있도록 작성여야하며, 동물을 사용하여 얻어지는 학문적 또는 경제적 가치가 실험동물을 희생하는 것보다 월등히 큰가를 평가 할 수 있도록 작성하여야 한다. 학문적 의의와 더불어 사회적 가치, 경제적 가치 등을 알 수 있도록 작성되어야 하며, 단순히 효과가 있는지를 보겠다는 식의 기술보다는 보다 구체적으로 효과를 알아보고자 하는 분야를 제시하였는지 평가 할 수 있도록 작성하여야 한다.

또한, 수행하고자 하는 실험설계의 내용을 개략적으로 기술하고 예상되는 결과 및 성과에 대해서도 작성하여야 한다. 실험설계를 작성할 때는 실험설계가 달성하고자 하는 연구결과에 도달할 수 있도록 과학적으로 작성하여야 한다. 예를 들어, 면역결핍 마우스를 이용한 실험을 conventional facility에서 장기간 사육하는 실험으로 설계하였다면 도달하려는 연구목적을 달성하기 어려울 것이며, 특정질병에 대한 약효평가실험에서 질환모델동물의 사용없이 수행하는 실험도 목적도달이 어려울 것이다.

1. 연구목적 (비전문가도 이해할 수 있도록 평이하게 기술)

(2) **동물실험의 필요성**

기존의 다양한 선행연구결과를 바탕으로 동물실험의 필요성을 기재하여야 하며, 세포실험이나 컴퓨터시뮬레이션 등의 방법으로는 도달하려는 연구목적을 달성하기 어려움을 구체적으로 제시하여야 한다.

2. 동물실험의 필요성

(3) **동물실험을 대체할 수 있는 방법의 유무**

동물실험을 수행하기 전에 동물실험을 대체할 수 있는 방법과 중복실험 여부를 반드시 확인하여야 한다. 대체법을 위한 관련검색어로는 다음과 같은 key words를 사용할 수 있다.

- artificial or vitro or culture
- tissue or cell or organ
- insect or arachnid or invertebrate
- fish or mollusc or cephalopod
- simulation or digital image or interactive
- mannequin or manikin or model 등

또한, 대체법이 존재를 확인하기 위해 한국동물실험대체법학회(http://www.ksaae.org/), 식약처 동물대체시험법검증센터 등을 이용할 수 있다.

3. 동물실험을 대체할 수 있는 방법의 유무	
☐ 검토하였으나, 동물실험을 대체할 수 있는 방법이 없었다.	
☐ 검토하였으나, 대체수단으로는 연구목적을 충분히 달성하기가 어려웠다.	
검색사이트	☐ *PubMed* ☐ *Current Contents Connect* ☐ *한국학술정보* ☐ *기타 ( )*
Key words	(적어도 3개 이상 기입함)

(4) 해당동물과 종을 선택한 합리적인 이유

동물실험을 위해 선택한 동물의 특성을 광범위하게 조사하고, 이를 기반으로 이유를 과학적으로 제시하여야 한다. 여러 가지 마우스와 랫드의 특성은 아래에 예시로 제시하였다.

일반적으로 사용되는 마우스계통의 특성

계통	특성	기타
ICR	발육이 빠르고, 취급 및 번식(다산)이 용이하며 일반독성 등 실험에 널리 사용되고 있다. (Institute of Cancer Research, USA 에서 개발)	폐쇄군
ddY	백색, 성장이 빠름, 비만증이 높다(약학, 독성학, 기형학 등)	〃
BALB/c(C)	유방암 및 폐암의 자연발증이 낮고, 높은 면역반응(단클론 항체 생산에 필수적으로 사용되고 있음). 방사선에 민감하고 인슐린에 감수성	근교계
C3H(C3)	유방암, 간암 발생실험, 암컷에서의 심장 석회 침착이 높다.	〃
C57BL/6(B6)	유방암 저율발생, 생후 18개월 이후에도 암발생률이 낮음, 알코올, 모르핀 기호성이 높음, 눈의 이상과 뇌수조증이 높고 탈모가 높음. 항원성 시험의 기초 자료로서 많이 사용. 고지방사료에서 비만, 당뇨 및 동맥경화에 감수성 높다.	〃
CBA	수컷의 간암 발생률이 높음, 저혈압, 홍역 바이러스의 감수성이 높다.	〃
AKR(AK)	백혈병 고발증, 암 면역학 연구	〃

계통	특성	기타
DBA/2(D2)	유암의 발생률이 60% 전후, 임파종 발생이 높음. 결핵균에 감수성이 높음, 또한 소리에 민감하고 비타민 K의 결핍증 유발이 용이, 번식성적이 나쁘다.	〃
KK	당뇨병 유발 모델동물, 비만의 유발, 산자수가 적음(5~6두)	〃
BALB/c/nu/nu	흉선이 없음, 면역 기전 연구에 사용.	돌연변이계
BDF_1	암컷 C57BL/6과 수컷 DBA/2 교잡종으로 생산됨. 종양연구와 면역학 연구에 주로 사용.	교잡종

일반적으로 사용되는 랫드계통의 특성

계통	특성	기타
SD (Sprague-Dawley)	각종 연구 및 생물 검정용 등 여러 가지 목적으로 이용되며 특히, 영양실험, 약리, 독성, 기형학 연구에 주로 사용된다. 성선자극호르몬에 감수성이 높다. Fe 결핍에 저항성이 F344 계통보다 높다.	폐쇄군
Wistar	일반 연구용으로 다목적으로 사용된다. 체구는 다소 작고, 환경적응도가 높다. 조숙 다산성이며 유방암 발생률이 낮다. 미국 필라델피아의 Wistar 연구소에서 개발.	〃
SHR	SHR는 고혈압실험(본태성고혈압) 질환모델동물이다. 면역기능이 다른 동물에 비하여 낮고, 체내 비타민 E나 비타민 C의 함량이 비교적 낮다는 보고도 있다. 또한 교감신경계의 활성도 다른 동물에 비하여 높고, 최근에는 당뇨병과 고혈압모델, 행동연구에도 중요한 모델동물로서 유용하다.	근교계
WKY	주로 생의학 실험용으로 이용되며, SHR의 혈압 대조용 동물로써 이용된다.	〃
F344	자연발생 종양이 적고 다른 계통보다 소형이므로 장기독성, 발암성 실험에 이용된다. 백색의 소형계통으로 번식 능력이 우수한 품종으로, 간장 장애, 비타민 결핍증이 자주 나타남. Fe 결핍 연구에 SD보다 민감하다.	〃
LEW (Lewis)	LEW랫드는 관절염의 고발생, 장기이식(안막) 등의 질환모델로 이용하고 있다. Wistar 계에서 유래된 것으로 성질이 온순하고 다산성이다.	〃

(5) 사용동물 수에 대한 합리적 근거

여기서는 총 사용마리 수, 각 군당 사용마리 수, 실험방법당 사용마리 수 등 제시하여야 한다. 예비실험이 필요한 경우, 예비실험의 총 마리 수, 군당 마리 수 등 제시하고, 교육훈련의 경우, 1인당 필요로 하는 마리 수를 기반으로 총 마리 수를 산출하여 제시하여야 한다. 실험군별로 통계적으로 유의성이 있는 동물수 선정을 위해 일반적으로 다음의 세 가지 방법이 많이 사용되고 있다.

- 통계학적 방법을 활용 - α error, β error, 표준편차, effect size
- 유사한 연구결과의 조사를 통한 샘플 수 제시
- 연구자의 주관적 제시 (과학적 근거 요구)
  - 예비실험을 통한 결과 제시
  - 통계학적 분석이 필요없는 실험

또한, 실험 중에 발생할 수 있는 예기치 못한 폐사 등 탈락을 감안하여 여분의 동물을 포함하고 있으며, 일반적으로 통계학적 유의성이 있는 마릿수의 약 10%를 계산하여 사용하고 있다.

(6) 실험방법 개요

실험방법에는 동물실험에 관한 자세한 정보를 제시하여야 한다. 여기에는 시험물질과 대조물질, 투여경로, 투여량, 투여횟수, 투여기간 등이 포함되며, 수술이 포함되는 경우 마취제, 진통제 등의 투여용량, 회복기간 동안의 관찰계획 등의 세부내용이 포함되어야 한다. 실험종료 후 안락사 방법, 시료채취 방법 등도 기술되어야 한다.

(7) 특별한 주거 및 사육조건 필요 유무

여기서는 감염성물질(생물학적 위해물질, 방사성동위원소 등)을 취급할 경우, 필요로하는 시설과 사육조건을 기술하여야 하며, 질환모델동물을 사육할 경우에는 질환의 특성에 따라 별도의 시설이나 특별한 사육조건을 기술한다. 특히, 실험동물이 특정한 상황에 장기간 노출되는 경우에도 시설이나 사육조건을 자세히 기술하는 것이 바람직하다.

(8) 동물이 경험하는 통증 및 스트레스의 정도

실험동물의 고통등급은 다음과 같이 다섯 가지로 분류하며 표준가이드라인의 기준은 다음과 같다.

8. 동물이 경험하는 통증 및 스트레스의 정도 (해당사항에 V표)
□ 고통등급 A: 원생동물, 무척추동물을 사용하는 실험 □ 고통등급 B; 척추동물을 사용하지만 거의 고통을 주지 않는 실험 □ 고통등급 C; 척추동물에게 약간의 스트레스 혹은 단기간의 작은 통증을 주는 실험 □ 고통등급 D; 척추동물에게 회피 할 수 없는 스트레스 혹은 통증을 주는 실험(<u>진정제, 진통제, 마취제 등을 사용</u>) □ 고통등급 E; 척추동물에게 회피 할 수 없는 스트레스 혹은 통증을 주는 실험(<u>진정제, 진통제, 마취제 등을 사용할 경우 실험 결과에 부정적인 영향을 주는 실험 등</u>) ※ 고통등급 E에 해당되는 동물실험은 원칙적으로 불허하나, 불가피한 동물실험은 9번 사유 기재

그러나 실제 실험자들이 제시된 내용만으로 고통등급을 명확히 확인하기 어려운 측면이 있어 다음에 일본저널(Folia Pharmacol Jpn, 131, 187-193, 2008)에서 발표된 내용을 추가로 제시하고자 한다.

분류	처치	고통도
개체식별	색소도포	B
	Ear punch	B
	마이크로 칩 삽입	B
보정	손으로 보정	B
	보정틀 사용	C
	(지속시간에 따라 바뀔 수 있음)	
사료 또는 음수 제한	사료급여제한(12~24시간)	C
	사료급여제한(24시간 이상)	D
	음수급여제한(2~12시간)	C
	음수급여제한(12시간)	D
	(체중이 20% 이상 감소한 경우는 즉시 실험을 중단)	
신체측정 (무마취)	체중·체격측정	B
	체온측정	B
	자발적인 운동량 측정	B
	행동관찰	B
	뇌파측정	B
	초음파 에코	B
신체측정 (마취)	혈압측정	B
	심전도검사	B
	MRI	B
	CT	B
	PET	B
채혈 또는 시료 채취(무마취)	정맥(단회)	B
	동맥(단회)	B
	정맥(경시적으로 반복)	C
	인와장맥총(무마취 상태에서 채혈하여야 하는 경우는 사유를 설명하여야 한다)	C
	복수	B
	채뇨	B
	피부 biopsy	B
	피모 또는 모근 채취	B

분류	처치	고통도
채혈 또는 시료 채취(무마취)	채뇨	B
	꼬리 절단	B
이식 또는 수술	복강 내 이식	B
	장기 내 이식	C
	장기 이식	D
	방사선 조사 (골수 기능 파괴)	D
	방사선 조사 (면역억제)	C
	텔레메트릭스 이식	C
	전극이식	C
	전기자극	B
	제왕절개	C
	대리모에 의한 인공포유	B
질병모델	(증상이 최대한으로 발현되는 것을 전제로…)	
	심근경색·허혈	D
	뇌경색·허혈	D
	척수손상	D
	말초신경 손상	D
	말초신경 변성	D
	파킨슨병	D
	자가면역질환	D
	비만	C
	당뇨병	D
	고혈압(뇌졸중 모델을 포함)	D
	근위축증(루게릭병)	D
약리독성시험	Tail flicking	C
	Hot plate	C
	단회투여 독성시험	D
	반복투여 독성시험	D
	생식독성시험	C
	발암성시험	D

분류	처치	고통도	분류	처치	고통도
	꼬리 절단	C	항암제 실험	부작용에 의한 고통의 차이 또는 종양을 최대한으로 성장시키는 지에 따라 차이가 있음	C/D
채혈 또는 시료 채취(마취)	정맥(단회)	B	감염실험	증상의 발현과 함께 동물을 사망에 이르게 함	D
	안와장맥종	B		증상이 발현되지 않음	C
	심장	C		항체 제작	C
	혈관에 나비침 설치	B			

(9) 고통등급 D에 해당되는 동물실험의 구체적인 고통경감 방안

고통등급 D에 해당되는 동물실험은 구체적인 고통경감 방안을 제시하도록 표준가이드라인이 요구하고 있다.

9. 고통등급 D에 해당되는 동물실험에서 동물의 통증 혹은 스트레스 경감을 위한 방법	
☐	마취제 · 진통제 등을 사용: (약물명, 투여량, 경로를 기입)
☐	기타: (사육환경 개선 등의 구체적인 내용을 기입)

(10) 고통등급 E에 해당되는 동물실험을 수행하는 이유

고통등급 E에 해당되는 동물실험은 수행하는 이유를 아래와 같이 제시 하여야 한다.

10. 고통등급 E에 해당되는 동물실험을 수행하는 사유 (필요 시, 별지로 상세 사유 첨부)	
☐	인도적 종료시점은 채택하지만, 연구목적 상 진정 · 진통제를 투여할 수 없거나, 고통경감을 위한 방법 없음
	(상세 사유 기재) 예) 통증실험 수행으로 진통제를 사용하면 연구결과에 영향을 미침
☐	연구목적 상 인도적 종료시점을 채택하지 않고 동물의 죽음을 종료시점으로 설정해야 함.
	(상세 사유 기재) 예) LD50 측정을 위한 독성실험

(11) 윤리적 측면에서의 인도적 종료시점 기준

인도적 종료시점이란 실험에 쓰이는 동물이 질병의 유도, 실험, 독성으로부터 통증을 경험하게 되며, 이러한 경감되지 않는 통증이나 고통을 피하거나 종료하기 위해 실험을 일찍 종료하는 기준을 말한다. 인도적 종료시점의 중요한 특징은 실험이 일찍 종료되어도 연구 목적에 영향을 주지 않아야 한다는 것이다. 이상적인 인도적 종료시점은 통증과 고통이 시작되기 전에 연구를 종료하는 것으로 본다.

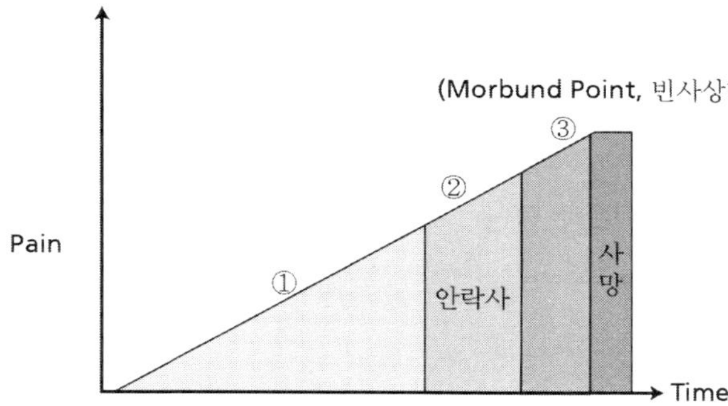

그림 9.1 시간의 경과에 따른 고통의 변화

표준가이드라인은 인도적 종료시점 기준은 다음과 같이 제시하고 있다.

- 동물에게 극도의 고통 또는 스트레스가 예상될 경우 실험결과를 고려하여 실험을 중단할 수 있는 특정 검사항목의 수치상 한계를 설정한다(예, 체중 20% 이상 감소시).
- 고통이 야기될 때에는 언제, 어떻게 고통을 경감시키거나 안락사를 실시할 것인지 프로토콜에 명시되어야 한다.
- 주말 또는 휴일을 포함하여 누가 종료시점 결정을 내릴지 명시되어야 하며, 고통이 예견되지 않는 경우에도 프로토콜에 명시하여야 한다.
- 임상증상과 상태를 파악하고 기록하는 Clinical Score Sheet를 만들어 종료시점을 설정하는데 이용할 수 있다.
- 연구자와 수의사, 동물관리 직원의 협력으로 인도적인 종료시점 설정과 보완이 가능하다.

또한, 몇 가지 실험에서 인도적 종료기준은 다음과 같다.

① 종양의 성장 또는 영향

- 적용: 피하 또는 복강의 종양과 하이브리도마(hybridoma)의 실험
- 종료기준
  - 정상 체중의 10%를 초과하는 종양인 경우
  - 종양피부가 1 cm^3에 달하는 경우

- 괴사, 감염, 궤양이 급식, 급수에 지장을 초래하는 경우

② 식욕부진과 수척의 지속

- 적용: 질병의 전이, 만성감염증
- 종료기준
  - 급격한 체중 소실(정상체중의 20%를 넘는) 또는 상태

③ 보행 불능

- 적용: 다양한 연구분야
- 종료기준
  - 횡와 자세 시간이 증가하는 경우

④ 심각한 기관 또는 전신에 관한 증상

- 적용: 독성시험, 전신성질환시험
- 종료기준
  - 호흡: 가쁘고 힘든 호흡, 기침, 수포음
  - 심혈관계: 쇼크, 출혈, 과민증
  - 위장관계: 심한 설사 또는 구토
  - 말초신경계: 근육이 약해지거나 경련성의 마비
  - 중추신경계: 회전(circling), 맹목(blindness), 치매(dementia), 경련(convulsion)

⑤ 저체온증

- 적용: 감염질환 연구, 백신역가시험
- 종료기준
  - 설치류에서 체온의 4-6℃ 감소

⑥ 죽음이 임박한 상태(임종 상태, 빈사 상태)

- 적용: 다양한 연구분야
- 종료기준
  - 임종 상태에 도달하였을 때 특징적인 임상증상을 규정할 필요가 있음

한편, 설치류를 이용한 동물실험에서는 scoring system을 이용한 종료시점 결정방법이 많이 사용되고 있으며, 세부적용기준과 내용은 아래와 같다.

- 각 항목은 임상증상을 포함하여 총합 8점 이상일 경우 안락사
- 단, 개별 항목 중 2개 이상 항목에서 최고점 기록 시 (예, 몸무게 3점 및 외형 3점)는 안락사

점수	체중변화	털(hair coat)	눈과 코	행동	
				움직임(activity)	자세(posture)
0	정상체중	정상	정상	정상	정상
1	체중 10% 감소	털 상태 거침	실눈을 뜨거나 눈이 감겨있음	약한 자극에 대한 반응 및 활동성 감소	자세가 굽은 상태로 앉음
2	체중 20% 감소	털 상태 거칠고 단정하지 않음, 탈모 발생	실눈을 뜨거나 눈이 감겨있음 눈 주변이 부풀어 있음, porphyrin staining 발견됨	자극에 대한 반응 및 움직임 없음	굽은 상태로 바닥에 앉음, 머리가 바닥에 위치
3	체중 30% 감소				바닥에 자주 누어 있음

(12) **안락사 방법**

안락사 방법에는 약제를 이용하는 방법, CO_2를 이용하는 방법, 경추탈골을 실시하는 방법 등이 있으며, 이러한 다양한 방법 중에서 하나의 방법을 선택할 때는 다음의 사항을 고려하여야 한다.

- 동물에서 신속한 의식소실 및 치사를 유발할 것
- 확실한 방법일 것
- 시행자에게 안전하고 심리적 스트레스가 적을 것
- 실험목적 및 필요성에 적합할 것 등

12. 안락사 방법		
□ 약제 (사용약물:) □ 기타 (	□ CO_2 가스	□ 경추탈골)
※ 사체처리방법 (보관 장소 및 사체 처리업체명)		

안락사의 판단기준에는 다음과 같은 것들이 포함되어야 한다.

- 아픔을 수반하지 않고 치사시킬 수 있을 것

- 의식소실까지에 요하는 시간이 짧을 것
- 치사에 이르는 시간이 짧을 것
- 확실할 것
- 시행자에게 안전할 것
- 심리적 스트레스가 적을 것
- 실험 목적, 필요성에의 적합성이 높을 것
- 시행자 및 주위 사람에의 정서적인 영향이 적을 것
- 경제성이 있을 것
- 병리조직학적 평가에 대한 적합성이 높을 것
- 약물의 효력과 폐해를 고려할 것

국제적으로 허용되는 안락사과 불허되는 방법은 아래 표로 제시하였다.

허용 안락사	조건부 허용	불허
① 바비튜레이트계 ② 이산화탄소 ③ 흡입마취제 ④ Captive penetrating bolt ⑤ 주사마취 후 근이완제 등	① 경추탈골(마우스, 200g 이하 랫드, 1kg 이하 토끼 등) ② 단두법 등	① KCl 단독 투여 ② Chloroform 등 유독성 화학물질 이용법 ③ 드라이아이스 이용법 ④ 근이완제 단독 투여 등

(13) 실험자를 위한 작업환경의 안전성 확보 여부

동물실험 수행과정은 많은 위해요인을 포함하고 있기 때문에 실험자의 안전성 확보는 반드시 필요하다. 실험자는 동물실험 전용 실험복, 모자, 마스크, 장갑, 고글 등을 착용함으로서 동물실험으로부터 발생하는 인수공통전염병, 생물학적 위해물질, 독성물질 등으로부터 자신의 신체를 보호할 수 있는 조치를 취해야 한다.

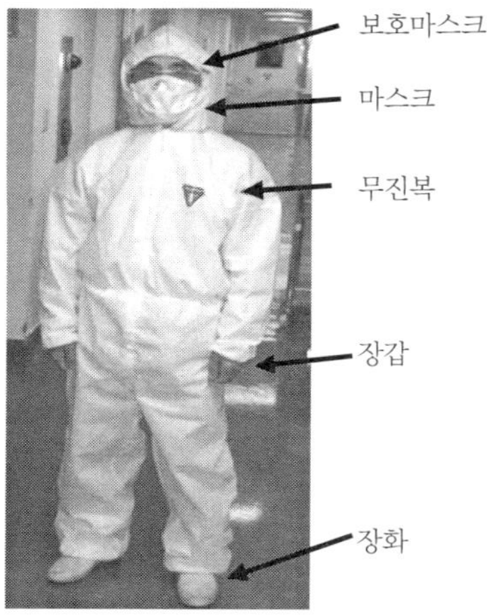

그림 9.2 실험자의 안전성 확보를 위한 보호 용구

부록 1: 통계 패키지에 관한 요약설명

Appendix 1: Brief notes on statistical packages

다양한 통계 패키지를 이용할 수 있다. 규모와 복잡성 면에서 볼 때, 이와 같은 통계 패키지는 원하는 통계적 계산을 가상으로 해보기 위한 용도의 대규모 패키지(이것들은 대개 통계적 배경지식이 탄탄한 사람들이 사용하기에 가장 적합하고, SAS나 GENSTAT을 예로 들 수 있다)에서부터, 경험이 적은 사용자를 위해 설계된 패키지(MINITAB)나 정의된 특수기능을 제공하도록 설계된 패키지(예를 들어 StatXact)에 이르기까지 다양하다. 또한, 어느 정도 통계적 계산을 수행하는 여러 스프레드시트(spread sheets) 및 기타 일반적인 소프트웨어 패키지도 있다. 이용 가능한 몇 가지 통계 패키지 옵션들에 대한 간략한 요약설명이 아래 제시되어 있다. 다만, 어떤 종류의 소프트웨어를 사용하건 올바른 통계기법을 올바른 방법으로 사용하는지 보장하기 위해서는 검증(validation)이 필수적이다. 특히, 결측 데이터나 불균형 데이터가 있는 경우에는 더욱 중요하다. 이 책에 제시된 예시들을 시험 데이터로 활용할 수 있으나, 완전한 밸리데이션에 대해서는 적합하지 않다. 모든 주요 전용 통계 패키지는 사실상 모든 프로그램에 존재하는 몇 가지 소프트웨어 버그와는 별개로, 신뢰할 수 있는 결과를 산출해 줄 것이다. 대개, 출시된 각 버전은 기존보다 더 많은 기능성과 우수한 사용자 인터페이스를 제공하므로, 가능한 한 가장 최신 버전을 사용해야 한다.

MINITAB

이 통계 프로그램은 본래 통계학 교육용으로 설계되었으나, 현재는 비교적 사용이 쉬운 강력한 다목적 프로그램으로 발전하였다. 관련 분야에

종사하는 연구자가 필요로 하는 대부분의 계산 및 분석을 수행한다. PC 버전과 매킨토시 버전 모두 이용 가능하다. 데이터시트에 데이터를 입력하는데, 여러 데이터시트를 동시에 열 수 있고 통계분석에 앞서 필요에 따라 손쉽게 저장 및 조작을 할 수 있다. 이 프로그램은 평균, 표준편차, 표준오차, 상관관계, 관련 카이제곱검정(chi-squared tests)에 따라 복잡도가 다양한 표 생성 등 각종 표준 통계분석을 수행할 수 있다. *post-hoc* 비교를 포함해 회귀분석, ANOVA, 공분산분석을 수행할 수 있다. One-way ANOVA에서 평균치를 비교하기 위해서는 물론, 두 비율을 비교하기 위해 검정력 분석법을 이용한 시료크기 추정도 가능하다. 다양한 비모수적(non-parametric) 방법을 제공하며, 용이하게 편집할 수 있는 보기 좋은 그래픽을 제공해준다.

풀 버전을 구매할만한 여유가 없는 사람들에게 알맞은 저렴한 학생용 버전도 있다. 풀 버전이 더 우수하기는 하지만, 이 버전 정도면 많은 연구자들이 사용하기에 충분할 것이다. 보다 자세한 사항은 MINITAB 웹사이트(*www.minitab.com*)에서 확인해볼 수 있다. 이 사이트에서는 30일간 사용이 가능한 풀 트라이얼 버전을 다운로드 받을 수 있다.

Windows용 StatXact

이 프로그램은 정확한 비모수적(non-parametric) 검정을 수행하며, 희소한 범주형 데이터에 특히 유용하다. 표로 정리된 범주형 데이터를 분석하기 위해 종종 사용되는 카이제곱검정은 각 군내 개체수가 상당히 많은 경우(보통 > 5)에 한해 정확하다. StatXact는 이러한 문제를 극복하기 위해 피셔의 정확검정(Fisher's exact test)과 같은 정확검정을 사용한다. 행과 열이 여러 개이고 그 중 다수에 작은 수치가 입력된 표가 있는 보다 복잡한 데이터세트를 이용한 계산은 극히 시간 소모적일 수 있다. 이런 상황에서 StatXact는 몬테카를로 시뮬레이션을 이용한다. 또한, 이 프로그램은 Mann-Whitney 검정 및 Friedman 검정과 같이 연속형 데이터에 적합한 검정을 비롯해 각종 비모수적(non-parametric) 검정 기능도 제공한다. StatXact에서 사용되는 검정 및 통계기법은 MINITAB과 같은 일반 통계 패키지에서는 대체로 잘 다루고 있지 않으므로 이 패키지가 그와 같은 통계 패키지들을 보완해줄 수 있다.

StatXact의 활용빈도가 매우 높지는 않지만, 이런 종류의 난해한 데이터가 생성되었을 때, 그 데이터를 분석할 수 있는 이러한 프로그램과 같은 통계 패키지를 거의 필수적으로 사용해야만 한다. 보다 자세한 정보는 웹사이트(*www.cytel.com*)에서 확인해볼 수 있다.

SAS

*SAS*는 검증된 광범위한 통계처리 툴을 제공하는 상용 소프트웨어 패키지이다. 이 프로그램은 기능이 강력하면서도 다용도로 사용이 가능하고 특히 우수한 데이터 관리 및 조작 특징을 지니고 있다. 다만, 옵션과 특징의 다양성과 광범위한 프로그래밍 성능으로 인해, 사용하기가 간단하지 않아, 이 패키지에 정통한 통계전문가의 조언 및 도움이 유용할 수 있다. 자세한 사항은 웹사이트(*www.sas.com/products/sassystem/index.html)* 에서 확인 가능하다.

EXCEL

EXCEL은 몇 가지의 통계처리 및 전산처리 기능을 제공하는 스프레드시트이다. 다만, 이 책에서 기술한 분석법을 모두 수행할 수 있는 스프레드시트는 없다. StatPlus라는 이름의 애드인(add-in) 프로그램이 있는데, 이 프로그램은 가격이 저렴하고 교재도 함께 제공된다(Berk & Carey 1995). 하위집합 숫자가 같은 one-way ANOVA 및 two-way ANOVA를 수행할 뿐만 아니라, 이외의 광범위한 통계기법도 가능하고, 잔차 도표의 생성 및 해석을 위한 도움말도 포함되어 있다. 그러나, 이 프로그램은 이 책의 집필저자진에 의해 사용되지 않았고, 여기에서 설명한 모든 분석방법을 수행할 수 없다.

GENSTAT

GENSTAT는 검증된 광범위한 통계처리 툴을 제공하는 상용 소프트웨어 패키지이다. 기능이 강력하면서도 다용도로 활용이 가능하며, 특히 분산분석에 대해 강력한 기능을 가지고 있다. 다만, 이 패키지의 다재다능성과 통계모델을 올바르게 지정할 필요가 있다는 점 때문에, 이 패키지에 대해 잘 알고 있는 통계전문가의 조언이 도움이 될 수 있다. 보다 자세한 사항은 웹사이트(*www.nag.com/stats/tt_soft.asp*)에 나와 있다.

부록 2: 참고문헌 목록

Appendix 2: Further reading

실험동물학에 관한 문헌

Books on laboratory animal science

Poole T, English P, editors. *The UFAW Handbook* on *The Care and Management of Laboratory Animals.* 7th edn. Vol. 1: Terrestrial Vertebrates. 864pp. ISBN 0-632-05131-0. Vol. 2: Amphibious and Aquatic Vertebrates and Advanced Invertebrates. 208 pp. ISBN 0632-05132-9. Oxford, Malden, Paris: Blackwell Scientific, 1999

A large, two-volume comprehensive reference book on all aspects of laboratory animal science. Volume 1 deals with terrestrial vertebrates and Volume 2 with aquatic and amphibious animals. Both have general chapters on environment, animal house design, nutrition and genetics, followed by chapters on individual species.

van Zutphen LFM, Baumans V, Beynen AC; editors. *Principles of Laboratory Animal Science.* Revised edn. Amsterdam, London, New York, Oxford: Elsevier, 2001. 416 pp. ISBN 0-444-50612-8

A handy reference book that covers the principles of laboratory animal science with chapters on legislation, the biology of laboratory animals, standardization, nutrition, genetics, diseases and microbiology and the design of animal experiments. It does not have chapters on individual species.

Wolfensohn S, Lloyd M. *Handbook of Laboratory Animal Management and Welfare.* Oxford: Blackwell Scientific, 1998.334 pp. ISBN 0-632-05052-7

This is a general introduction to laboratory animal science often used by animal technicians, but it is useful to anyone starting work with laboratory animals. It has chapters on individual species.

실험설계에 관한 문헌
Books on experimental design

Clarke GM, Kempson RE. ***Introduction* to *the Design and Analysis of Experiments*.** London, Sydney, Auckland: Arnold, 1997. 344 pp. ISBN 0-340-64555-5

A modern book aimed at undergraduates in statistics and mathematics rather than research scientists. As such, it is relatively mathematical.

Cochran WG, Cox GM. ***Experimental Designs*.** New York, London: John Wiley & Sons, Inc, 1957. 611 pp

A classic book on experimental design, which can be recommended to anyone using more advanced designs. Highly readable with relatively few mathematical formulae.

Cox DR. ***Planning Experiments*.** New York: John Wiley and Sons, 1958. 208 pp. ISBN 0-471-57429-5

Although published many years ago, this book is still in print and is not in any way dated. It is a readable book aimed directly at the research worker, with few mathematical formulae. However, it also manages to deal with some advanced concepts and experimental designs. Strongly recommended.

Cox DR, Reid N. ***The Theory of the Design of Experiments*.** Boca Raton, Florida: Chapman and Hall/CRC Press, 2000. ISBN 1-58488-X

An advanced book covering the principles of experimental design, with

quite a bit of mathematical notation. However, the text is clear and easy to understand even for the non-mathematician.

Mead R. ***The Design of Experiments.*** Cambridge, New York: Cambridge University Press, 1988. 620 pp. ISBN 0-521-28762-6

A relatively advanced textbook on experimental design whose author 'has been particularly motivated by teaching postgraduate students specializing in statistics'. It 'requires a sound mathematical background beyond school level'. However, the book emphasizes statistical concepts which should make it possible for the non-mathematical reader to bypass the more complex mathematical details.

Montgomery DC. ***Design and Analysis of Experiments.*** 4th *edn.* New York: Wiley, 1997. ISBN 0-471-15746-5

An advanced book covering all aspects of experimental design with an emphasis on industrial experiments, but particularly useful for factorial and fractional designs. Probably mare appropriate for a professional statistician than for the average research scientist.

참고문헌
References

Altman DG (1982) Statistics in medical journals. *Statistics in Medicine* **1**, 59–71

Altman DG (1991) *Practical Statistics for Medical Research.* London, Glasgow, New York: Chapman and Hall

Altman DG, Machin D, Bryant TN, Gardiner MJ, eds. *Statistics with Confidence.* 2nd edn. London: BMJ Press, 2000

Armitage P (1975) *Sequential Medical Trials.* Oxford: Blackwell Scientific Publications

Beck JA, Lloyd S, Hafezparast M, Lennon-Pierce M, Eppig JT, Festing MFW, Fisher EMC (2000) Genealogies of mouse inbred strains. *Nature Genetics* **24**, 23–5

Berk KN, Carey P (1995) *Data Analysis with Microsoft EXCEL.* Pacific Grove, Boston, London: Duxbury Press

Canadian Council on Animal Care (1989) *Guide to the Care and Use of Experimental Animals.* Ottawa, Ontario: Canadian Council on Animal Care

Chvedoff M, Clarke MR, Faccini JM, Irisari F, Monro AM (1980) Effects on mice of numbers of animal per cage: an 18-month study (preliminary results) *Archives of Toxicology* **4**(Suppl.), 435–8

Clarke GM, Kempson RE (1997) *Introduction to the Design and Analysis of Experiments.* London, Sydney, Auckland: Arnold

Cochran WG, Cox GM (1957) *Experimental Designs.* New York, London: John Wiley & Sons, Inc

Cohen J (1988) *Statistical Power Analysis for the Behavioral Sciences*, 2nd edn. Hillsdale, NJ: Lawrence Erlbaum Associates

Cox DR (1958) *Planning Experiments.* New York: John Wiley and Sons

Dixon WJ, Massey FJJ (1983) *Introduction to Statistical Analysis.* Auckland, London, Tokyo: McGraw-Hill International

Everitt BS (1995) The analysis of repeated measures: a practical review with examples. *The Statistician* **44**, 113–35

Festing MFW (1994a) Are animal experiments well designed? In: *Welfare and Science. Proceedings of the 5th Symposium of the Federation of European Laboratory Animal Science Associations, Brighton, 1993* (Bunyon J, ed). London: Royal Society of Medicine Press, 32–6

Festing MFW (1994b) Reduction of animal use: experimental design and quality of experiments. *Laboratory Animals* **28**, 212–21

Festing MFW (1995) Use of a multi-strain assay could improve the NTP carcinogenesis bioassay program. *Environmental Health Perspectives* **103**, 44–52

Festing MFW (1996) Are animal experiments in toxicological research the 'right' size? In: *Statistics in Toxicology* (Morgan BJT, ed). Oxford: Clarendon Press, 3–11

Festing MFW (1997) Fat rats and carcinogen screening. *Nature* **388**, 321–2

Festing MFW (1999) Warning: the use of genetically heterogeneous mice may seriously damage your research. *Neurobiology of Aging* **20**, 237–44

Festing MFW (2000) Common errors in the statistical analysis of experimental data. In: *Progress in the Reduction, Refinement and Replacement of Animal Experimentation*, Vol 1 (Balls M, van Zeller A-M, Halder ME, eds). Amsterdam, New York, Oxford: Elsevier, 753–8

Festing MFW, Fisher EMC (2000) Mighty mice. *Nature* **404**, 815

Finney DJ (1970) In: *Statistics in Endocrinology* (McArthur JW, Colton T, eds). London: MIT Press, 25

Gärtner K (1990) A third component causing random variability beside environment and genotype. A reason for limited success of a 30 year long effort to standardize laboratory animals. *Laboratory Animals* **24**, 71–7

Höglund AU, Renström A (2000) Evaluation of individually ventilated cage systems for laboratory rodents: cage environment and animal health aspects. *Laboratory Animals* **35**, 51–7

Home Office (1995) *Code of Practice for the housing and care of animals in designated breeding and supplying establishments*. London: HMSO

Home Office (2000) *Guidance on the operation of the Animals (Scientific Procedures) Act 1986*. London: The Stationery Office (*www.homeoffice.gov.uk/ccpd/aps.htm*)

Howell DC (1999) *Fundamental Statistics for the Behavioral Sciences*. Pacific Grove, London, New York: Duxbury Press

Institute of Laboratory Animal Resources (1996) *Guide for the Care and Use of Laboratory Animals*. Washington, DC: National Academy Press

Jay GE (1955) Variation in response of various mouse strains to hexobarbitol (Evpal). *Proceeding of the Society of Experimental Biology and Medicine* **90**, 378–80

Kempermann G, Kuhn HG, Gage FH (1997) More hippocampal neurons in adult mice living in an enriched environment. *Nature* **386**, 493–5

Les EP (1972) A disease related to cage population density: tail lesions of C3H/HeJ mice. *Laboratory Animal Science* **22**, 56–60

Lindsey JR, Baker HJ, Overcash RG, Cassell GH, Hunt CE (1971) Murine chronic respiratory disease. *American Journal of Pathology* **64**, 675–716

Lipnick RL, Cotruvo JA, Hill RN, Bruce RD, Stitzel KA, Walker AP, Chu I, Goddard M, Segal L, Springer JA, Myers RC (1995) Comparison of the up-and-down, conventional LD_{5O}, and fixed-dose acute toxicity procedures. *Food and Chemical Toxicology* **33**, 223–31

Maclean N (1994) *Animals with Novel Genes*. Cambridge: Cambridge University Press

Malkinson AM (1979) Prevention of butylated hydroxytoluene-induced lung damage in mice by cedar terpene administration. *Toxicology and Applied Pharmacology* **49**, 551–60

Markel P. Shu P, Ebeling C, Carison GA, Nagle DL, Smutko JS, Moore KJ (1997) Theoretical and empirical issues for marker-assisted breeding of congenic mouse strains. *Nature Genetics* **17**, 280–4

Masoro EJ (1993) Nutrition, including diet restriction, in mammals. *Aging Clinical and Experimental Research* **5**, 269–75

Maxwell SE, Delaney HD (1989) *Designing Experiments and Analyzing Data.* Belmont, California: Wadsworth Publishing Company

McCance (1995) Assessment of statistical procedures used in papers in the *Australian Veterinary Journal. Australian Veterinary Journal* **72**, 322–8

Mead R (1988) *The Design of Experiments.* Cambridge, New York: Cambridge University Press

Morton DB, Jennings M, Buckwell A, Ewbank R, Godfrey C, Holgate B, Inglis I, James R, Page C, Sharman I, Verschoyle R, Westall L, Wilson AB (2000) Refining procedures for the administration of substances. *Laboratory Animals* **35**, 1–41

Nadeau JH, Singer JB, Matin A, Lander ES (2000) Analysing complex genetic traits with chromosome substitution strains. *Nature Genetics* **24**, 221–5

Nevison CM, Hurst JL, Barnard CJ (1999) Strain-specific effects of cage enrichment in male laboratory mice (*Mus musculus*). *Animal Welfare* **8**, 361–79

NRC (National Research Council) (1996) *Guide for the Care and Use of Laboratory Animals.* Washington DC: National Academy Press

Papaioannou VE, Festing MFW (1980) Genetic drift in a stock of laboratory mice. *Laboratory Animals* **14**, 11–13

Petrie A, Watson P (1999) *Statistics for Veterinary and Animal Science.* Abingdon, Maiden, Winnipeg: Blackwell Science

Poole T, English P (1999) *The UFAW Handbook on The Care and Management of Laboratory Animals.* Oxford, Malden, Paris: Blackwell Scientific

Porter AMW (1999) Misuse of correlation and regression in three medical journals. *Journal of the Royal Society of Medicine* **92**, 123–8

Russell WMS, Burch RL (1959) *The Principles of Humane Experimental Technique.* Reprinted 1992. Wheathampstead: Universities Federation for Animal Welfare

Schlede E, Mischke U, Roll R, Kayser D (1992) A national validation study of the acute-toxic-class method—an alternative to the LD50 test. *Archives of Toxicology* **66**, 455–70

Silva AJ, Simpson ME, Takahashi JS, Lipp H-P, Nakanishi S, Wehner JM, Giese KP, Tully T, Able T, Chapman PF, Fox K, Grant S, Itohara S, Lathe R, Mayford M, McNamara JO, Morris RJ, Picciotto M, Roder J, Shin H-S, Slesinger PA, Storm DR, Stryker MP, Tonegawa S, Wang Y, Wolfer DP (1997) Mutant mice and neuroscience: recommendations concerning genetic background. *Neuron* **19**, 755–9

Silver LM (1995) *Mouse Genetics.* New York, Oxford: Oxford University Press

Snedecor GW, Cochran WG (1980) *Statistical Methods.* Ames, Iowa: Iowa State University Press

Snell GD, Stimpfling JH (1966) Genetics of tissue transplantation. In: *Biology of the Laboratory Mouse* (Green EL, ed). New York: McGraw-Hill, 457–91

Sprent P (1993) *Applied Nonparametric Statistical Methods.* London, Glasgow, New York: Chapman and Hall

Stokes WS (2000) Reducing unrelieved pain and distress in laboratory animals using humane endpoints. *ILAR Journal* **41**, 59–61

Taylor BA (1996) Recombinant inbred strains. In: *Genetic Variants and Strains of the Laboratory Mouse*, Vol 2 (Lyon MF, Rastan S, Brown SDM, eds). Oxford, New York, Tokyo: Oxford University Press, 1597–1659

Tramontin AD, Brenowitz EA (2000) Seasonal plasticity in the adult brain. *Trends in Neuroscience* **23**, 251–8

van Herck H, Baumans V, Boere HAG, Hesp AMP, van Lith HA (2000) Orbital sinus blood sampling in rats: effects upon selected behavioural variables. *Laboratory Animals* **34**, 10–19

Van Praag H, Christie BR, Sejnowski TJ, Gage FH (1999) Running enhances neurogenesis, learning, and long-term potentiation in mice. *Proceedings of the National Academy of Sciences of the United States of America* **96**, 13427–31

van Zutphen LFM, Baumans V, Beynen AC (2001) *Principles of Laboratory Animal Science*, Revised edn. Amsterdam, London, New York, Oxford: Elsevier

Vesell ES (1968) Factors altering the responsiveness of mice to hexobarbital. *Pharmacology* **1**, 81–97

Waterton JC, Middleton BJ, Pickford R, Allot CP, Checkley D, Keith RA (2000) Reduced animal use in efficacy testing in disease models with use of sequential experimental designs. In: *Progress in the Reduction, Refinement and Replacement of Animal Experimentation*, Vol 1 (Balls M, van Zeller A-M, Halder ME, eds). Amsterdam, New York, Oxford: Elsevier, 737–45

Yates F (1939) The comparative advantages of systematic and randomized arrangements in the design of agricultural and biological experiments. *Biometrika* **30**, 440–66

김동희, 김충락, 손건태, 정광모, 정윤식, 조영석, 최용석, 홍창곤 (2008). 통계학 이론과 응용, 자유아카데미.

식품의약품안전청, 농림수산검역검사본부 (2011) IACUC 표준운영가드라인.